基礎放樣、排水設定到進階泥作，
完整解析步驟流程，監工、施工不出錯！

水泥工阿鴻
親授 30 年實戰工法學

鄭志鴻　著

泥中璀璨，工人之道

還記得多年前阿鴻跟我討論紅磚牆粗胚前是否一定要淋濕的問題。淋濕其實是為了不讓紅磚搶走水泥砂漿的水，那可不可以用水性界面底漆來降低紅磚的吸水就好，地面也不會溼答答還怕水滲到樓下？我們的結論是：淋濕跟噴底漆都可以達到相同的目的，然而噴底漆有許多好處，何必管別人怎麼說，做就對了！果然，經由長期工地的觀察與實證，紅磚牆面經噴塗水性界面底漆後，再來進行泥作粗批，牆壁整體結構很穩固，已經是非常可靠的工法。看著阿鴻一路走來，我非常榮幸可以跟讀者們推薦《水泥工阿鴻親授 30 年實戰工法學》，這不僅僅是一本介紹泥作技巧的書籍，更是一部關於跳脫傳統框架，勇於追求革新的的真摯寫照。　在這本書中，阿鴻通過深刻的筆觸，向我們揭示他多年來在泥作工作中的經驗和心得。以真實的故事和見解，將我們帶入他的工作現場，讓我們深入了解泥作工人的辛勞、智慧和對工作的熱愛。阿鴻在書中以豐富的細節，描述了泥作工法的邏輯性和技巧性。他分享了許多實用的技巧和方法，從基礎的材料選擇到輔助工具的應用，無不展現他對專業的深入瞭解和精湛的技藝。這些寶貴的實用資訊不僅對想要從事泥作工藝的讀者有著重要價值，同時也為我們開拓了對於勞動者智慧和專業的新視野。

然而，這本書所呈現的價值遠不止於此。帶給我們的是對勞動者的敬意和關懷，以及對工作的堅持和熱情的讚美。阿鴻以自己的經歷和故事，向我們傳達了一個重要的訊息：每個人的工作都有著無窮的價值和意義。他告訴我們，無論我們身處何地、從事何種職業，都可以在日常的工作中發現自己的光輝。

《水泥工阿鴻親授 30 年實戰工法學》所展現的更是一種工作哲學與智慧，它呼籲我們珍惜並尊重每一位勞動者的貢獻。阿鴻透過他自身的堅韌和努力，傳達出工人的專業精神和追求卓越的態度。他不僅僅是一位水泥工人，更是一位堅定的哲學家，他用自己的付出和努力為我們展示了工作的力量和價值。這本書也是一個對於社會的寶貴提醒。它呼喚著我們不要忽視那些默默奉獻的勞動者，不論他們的職業如何平凡，他們都是社會運轉不可或缺的一部分。這本書向我們展示了一個更廣闊的世界，一個充滿不同聲音和故事的世界。

最後，我要衷心讚揚阿鴻的勇氣和創新精神。他不僅在泥作工藝上有著璀璨成就，更以他的文字和故事讓我們看到了工作的樂趣和追求卓越的重要性。願這本書廣為流傳，啟發和鼓勵更多的讀者，不論從事何種職業，都能從中找到對工作的熱情與力量，創造屬於自己的工人之道。

郭文毅
樂土創辦人

用抹刀刻劃工藝美學，以文字傳承泥作經驗，
阿鴻不藏私的泥塑匠心！

幾乎是每天，都可以在臉書上看到水泥工阿鴻分享生活、工作、技術…的點點滴滴，久而久之，期待每天能花個幾分鐘與阿鴻空中相會，無意中成爲我的習慣，我想有這種形式與阿鴻相會的人，並非少數，因爲阿鴻是知名網紅，人如其名。

我跟阿鴻有一面之緣，但並不熟識，嚴格講，我認識他，遠遠多於他認識我。他的個頭不高，看起來並不壯碩，還有點顯瘦，以男生的標準而言，阿鴻的身材是屬於精瘦型的，但是他卻是技藝高超、功夫扎實的泥作達人，嬌小的身軀每天要從事扛起爲數不少水泥、砂石的粗活。阿鴻是從事泥作的水泥工，我是在水泥製造廠生產水泥的阿賢，兩人每天都與水泥爲伍、一生都與水泥結下不解之緣，今天水泥工阿賢有機會爲水泥工阿鴻出書寫推薦序，不是巧合，是機緣，介紹人就是「水泥」。

阿鴻從 15 歲就開始跟隨家人學習走上泥作師傅之路，這本書一共四章，首章訴說他踏入泥工的心路歷程。阿鴻剛入行時，手上功夫不足、動作不夠快速有效，他說要趕上別人，就要請腳來幫忙，在工地移動別人用走的，他則用小跑步爭取時間，這個平淡無奇小動作顯示他的認眞勤奮。在阿鴻的眼光下「認眞的人很帥」，相信讀者看完會很有感觸，有值回票價的感覺，阿鴻對於工作敍述之中肯，有令人拍案叫絕的衝動。

本書第二章泥作基礎課、第三章泥作施工法，第四章阿鴻師傅老實說，短短四章精實架構之鋪陳內容，卻是阿鴻累積超過三十年工作的經驗傳承，算算相當於每累積超過十年的工作經驗才寫出一章，可想而知，必定字字珠璣、句句精闢。這不是一本單純教你照著步驟施做的泥作工法書，而是一本不藏私、眞心傳授大家泥作「眉角」的書，書中處處可見【阿鴻的關鍵提醒】、【最容易忽略的魔鬼細節】，告訴你什麼地方要怎麼做才會完美，提醒你甚麼步驟不能做才可以避免缺陷失敗。最後，阿鴻用深入淺出的方式解答了讀者經常遇到，卻又不得其解的泥作問題，這都是千錘百鍊累積的智慧經驗，特別珍貴，值得閱讀。

工欲善其事，必先利其器。現代化的泥作，可藉著更高準確度、便利的器具，使得泥作工法越來越科學化。阿鴻在書中告訴我們現在的泥作是一個結合傳統技術與科學工具（整平器、紅外線雷射儀、水分儀、熱顯像儀）的行業，讀者絕對不要被泥作師傅沾著泥砂的雙手跟衣服所誤導，而產生泥作只是依賴體力粗活的錯覺。事實上，泥作師傅必須兼具良好精力、技術及科學化頭腦，比起大部分人的工作，泥作使用更多的科學化儀器。

現在的阿鴻即使已經被認為是技術頂尖的師傅，卻仍然堅持自我砥礪前行，遇到新材料問世，立刻嘗試、鑽研、評估適合的施工條件與工法，凡事都積極與時俱進，以泥作基礎技術為根本，不斷精進跟上潮流趨勢，甚至擔任行業領頭羊角色。阿鴻在泥作施工過程，除了思考怎麼做好自己分內的工作外，也一直會貼心的站在他人角度考量需求並做好配合，讓整個建案順利圓滿完成。他堅信自己做好只是基本要求，能與其他相關工項完美搭配結合，才算是優秀的泥作師傅。細節注意再注意，細緻度便能提升再提升，雖然看似一本介紹泥作工法的書，細細品嘗，處處皆可悟出人生的硬道理。

這本書有豐富的照片，讀者可以藉著圖文，清楚了解泥作工程各面向問題。這本書不僅適合新進或資深泥作師傅互相觀摩學習，也適合業主或營建主管參考，對於日後泥作工程之監工必定大有幫助，而一般民眾家中若有泥作需求，也非常推薦研讀，勢必有助於家中泥作施工順利與確保品質。

一把抹刀可以只完成一面平整的牆，也可以無限揮灑絢麗的彩圖，水泥工阿鴻做到了！他讓我們看到鞭策自己努力再努力下的豐碩成果。這本書推薦給所有認識與不認識阿鴻的你們，仔仔細細的用心品味、不徐不急的靜心體會，將會有想像不到的巨大收穫。

陳志賢

亞洲水泥公司花蓮製造廠 首席

專業、熱情、創意的泥作界網紅

跟阿鴻的認識，源自某天一位從事藝術創作設計的好朋友，熱心的介紹及轉發阿鴻在他的粉專上 PO 的一篇文，最吸精的還有一張他本人揹上我們公司在多年前幫某家水泥公司製作的一款限量包包，這真的讓我超級驚喜，開始認真的追蹤起這位神奇的泥作界網紅。

我開心和阿鴻聯繫，告知我們是製作水泥紙包包的創作者，阿鴻人如其文，誠懇、樸實、親和、做事態度認真且愛護家庭，他目前已積累 15 萬以上的粉絲喜愛和關注，這真的不令人意外，我也是被他圈粉的眾多粉絲之一。從他口中得知這款水泥袋包是他多年的珍藏，我立刻安排再做了幾款送給他，做為我們公司在循環經濟落實上，受到喜愛和肯定的反饋。阿鴻再次給我驚喜，很夠朋友的在他的粉專上做宣傳，透過他也讓我看到大眾對於這產品的真實反應，很開心得知他的粉絲對於水泥袋包包的喜愛，幾次的交談後，我們自然而然的成為朋友。

透過網路的世界，阿鴻分享每一篇他個人對於工作、人生、家庭等等，持有的認真、嚴謹、敬業及愛護珍惜的態度，這當中不只是勵志的敘事文章及細膩拍攝的照片，更令人欽佩的是阿鴻竟然還有獨創的水泥鏝抹畫作及教學，完全驗證何謂「行行出狀元」，更顯現阿鴻對於自身職業、泥作技術不只是專業，更多的還有熱情及創意。

繼泥作師傅、網路名人、藝術創作者的多重身份之後，阿鴻又再次創造自己人生的另一個高點成為作家，當我知道他即將新書發表時，我替他感到興奮及開心，當他邀請我幫他寫推薦序時，我更感到非常榮幸，一方面也是受到他的鼓舞，欣然的接下人生第一次寫推薦序的任務，我永遠相信做事紮實的人總是懷著端出超出 100 分的成果來做呈現，絕對值得信賴，這本泥作工法書集阿鴻多年專業的實作技法及智慧，強力推薦給對泥作工法有興趣的讀者收藏且再三研究。

廖珮伶
佳皇紙業股份有限公司董事長

我們看到的是背後的那片天。很遼闊、很美

記得在飛往上海出差的旅途中，看到鴻哥另一本著作《我扛得起水泥 扛得住人生》中的這句話，望向窗外那片 35,000 英呎的藍天，心想，真的很遼闊、很美！眼淚也就這樣滑了下來。

鴻哥和我都熱愛籃球。如果你有在追蹤鴻哥的粉專《水泥工》，全身 JORDAN 的身裝，是鴻哥工作之餘熱愛的打扮。我們對籃球有著幾乎同樣的美好回憶，NBA 80 年代的東鳥西魔、90 年代的公牛王朝及台灣職籃的象龍大戰。經典對決膾炙人口，但我們知道，我們總是知道，只要擁有一包又一包 50 公斤重的水泥淬鍊 = 當你半夜在睡覺時，喬丹還在舉啞鈴的職人精神，儘管職、賽場上人才來來去去，永遠會有更振奮人心的故事產生。

2023 年 4 月 18 日星期二上午，馬拉松之神 Kipchoge 在初次參與的波士頓馬拉松賽後記者會現身，眾所皆知，大家全聚焦在他奪冠失利的過程及原因。Kipchoge 在被問到比賽當下是否產生棄賽念頭時，"A lot was going on in my mind," 他說到。"But I said, 'Hey, I can't quit.' They say it's important to win. But it's great to participate and finish."。真棒，真的好棒。在人生旅途中，每個人都能鼓舞更多人加入《成為職人》的旅程，不管是泥作工、運動員、或正在閱讀這本書的你。

授人以魚，不如授人以漁。鴻哥帶給我們的不只是泥作技術，而是滿滿的愛、熱情與堅持到底。我們期待你的加入，越來越多的職人在任何時空，以各種形式，不斷冒出、遍地開花、擎天撼地。如同吳念真導演形容的佐賀阿嬤，要讓老天笑出聲音來！

我們看到的是背後的那片天。很遼闊、很美！

郭中天

允禾發 PATRONI 工作安全鞋 創辦人

做工是件很帥的事！

初次見到阿鴻師傅，是在一處新建案的浴室防水工程現場，溫文的舉止，帶點靦腆的笑容，邊施作、邊用著充滿自信的口吻，娓娓道來施工的工序與該注意的小細節，工作現場維持一貫的整齊清潔，毫不雜亂，工具器械等也整理的有條不紊，傳達給周遭人的感覺，是對工序的堅持、專業的堅持，與對態度的堅持，這是我對阿鴻師傅留下的第一印象。

再次與阿鴻師傅深談，心中的想法更加落實，阿鴻師傅用心想做的不只是藝術般的泥作作品，更是工匠職人精神的傳承，汲取於三代泥作師傅傳承的寶貴經驗，經過 30 年自身工匠實際應用後的進化，去蕪存菁內化後的阿鴻師，不僅對於泥作工藝有更邏輯性與系統化的思考，對於泥作這個產業與職業更有深遠的責任感。從學徒的養成，改善工程統包的亂象，缺工現象的應對，到對於整個產業的理想發展，多有更深的期許，我認為這是現今工程業界中最需要的一環，唯有養成正確的人生態度與多面向思維，才能在競爭的環境中，逐漸扭轉大家對"做工的"的刻板印象，也才能讓傳統師徒傳承制的泥作產業，更敢嘗試新材料與新工法，進而蛻變成對於工藝的永續追求。

這本彙集阿鴻師傅 30 年的泥作武功寶典，從心態上的轉變，泥作的基礎原理，設備與材料特性與選擇，施工方法與注意事項，到現場疑難雜症的解決方式，都有精闢的介紹，不論是給剛接觸泥作產業的人，或是想更提升技藝的泥作師傅們有一個參考的範本，我也認為室內設計師們應該充分的研讀這本書，在對業主進行提案時能給出更精闢且專業的建議，為提升國人居住的品質盡點心力。

最近剛好有機會在國際建材展上與阿鴻師傅合作，應用我們輕薄柔軟的抗裂網搭配阿鴻師鬼斧神工技法呈現出其獨樹一格的水泥鏝抹無框畫創作，看著阿鴻師全家一起快樂出動，對於活動熱情且無私的投入與指導，腦中不時浮現出阿鴻師傅時常掛在嘴邊的一句話：做工是件很帥的事！如果你對於斜槓水泥工／網紅／部落客／作家等多重身分的阿鴻師傅有足夠的好奇與敬佩；如果你是處於徬徨人生，拚價格的泥作師傅，不妨跟我一樣，收藏這本書，學習如何將細節做到極致，培養自己的職人精神，期待我們一起成為很帥的人！

翁志超

金永貿股份有限公司總經理

堅持對水泥的熱情，持續精進 30 年泥作技藝

對於沒接觸過的泥作或是建築工程的大眾來說，聽到人家介紹自己的職業是跑工地、做土水、攪水泥疊磚的，得到回饋大多都是

「喔～工地上班啊，那很累很髒吧！」
「工地的人都再喝阿比仔嗎？」
「爸媽說不讀書長大，以後要去工地做工耶 ...」

不過我所認識的泥作師傅阿鴻跟大家印象中的水泥工截然不同，他出生泥作世家，純樸認真，一個投入就是 30 年。阿鴻是一位對泥作工藝充滿熱情和獨到見解的專家。他在泥作工法領域擁有廣泛的經驗，並以其精湛的技術和創新思維著稱；他也擅長運用不同材料和工具，將平平無奇的水泥及各種材料變成結構堅固、美觀實用的作品。同時也持續經營了一個 9 萬粉絲追蹤的 FB 粉絲專頁 " 水泥工 " 致力推廣泥作工程相關資訊以及各種工地的日常。

除了建築工程領域外他同時也是一位水泥藝術家，透過給水泥染色以及手上的鏝刀在畫布上的各種操弄，阿鴻總是夠跳脫傳統思維，創造出令人驚艷的作品。

經歷將近 30 年的磨練，阿鴻終於推出泥作工法的書籍，這本書將帶領讀者深入了解泥作工藝的精髓，並分享阿鴻多年來在這個領域累積的寶貴經驗和知識。

書中，阿鴻透過豐富的圖片和詳盡的解說，將這些只能透過師徒手把手教學的技術變得容易理解和使用，這不僅僅是一本關於泥作的技術指南，成為學習者和專業人士的寶貴資源，更是一本啟發創造力和提供靈感的藝術寶典。

最後，我要衷心感謝阿鴻先生對泥作工藝的貢獻以及他編寫這本書的辛勤努力。

他的專業知識、熱情和創意將為這本書帶來獨特的價值。我真誠地期待著這本書的問世，相信它將成為泥作工藝領域的經典之作。

許勝利
上多利工業有限公司創辦人

享「授」泥作

我知道每個人都有自己「煎牛排」的烹調方式，我也知道「煮泡麵」大家也各有自己的慣性模式，很多事情沒有「絕對」的方式，只要找到讓自己能認同接受，並且合情合理就好，對吧！

阿鴻在自己臉書粉絲專頁「水泥工」分享泥作的作品工法已經多年了，印象很深刻，曾經有幾次屋主打電話來諮詢泥作問題時，講到生氣講到哭了！

他們生氣的是，自己家的泥作被裝修廠商搞砸了，他們著急哭泣的是，沒有人願意前去收爛尾，找不到能信任的師傅施工，甚至沒有任何平台能幫忙解決問題。而我期許自己像蠟燭般的燃燒著，在黑暗中能給你一道光線，幫助找到你的出路、方向！

阿鴻憑藉著自身泥作家傳三代的施工經驗，三十年來的泥作施工修繕心得，
我非常明白，什麼樣的施工工法，是很棒的傳承。
我非常清楚，什麼樣的施工工法，必須修正甚至淘汰。
我非常確定，隨著世代的不同，與時俱進的我們，必須創造屬於我們這個世代的泥作工法！

因為有這股信念與使命，一直督促我成長與壯大，我想讓更多人了解「泥作」我想讓你們擁有對「泥作」的基本常識，我不想你們對「泥作」求助無門，所以我義無反顧的來分享這本屬於「水泥工阿鴻」的個人泥作工法，我會很主觀的闡述內容，很熱心的建議工法，期許大家能很清楚明瞭的知道所有泥作的施工入門與細節。

身爲泥作師傅的阿鴻知道，業界的每位師傅都有自己的一套施工模式、慣用的施工系統，更有著自己最熟悉的材料使用，每個人都有自己的品牌、口碑與市場，也都是很棒的師傅，我們都是爲了「泥作產業」好的那群土水師ㄟ！

在這缺工的「黑潮」，我腳下那雙專屬的塑膠鞋，是最帥的經典裝備了，阿鴻選擇拓荒這個世代的泥作，不怕考驗與歷鍊，衷心期許泥作不再是黃昏產業，心中對水泥的那股熱情依然堅定，而且不曾中斷過。

最後阿鴻想說，做工是一件很帥的事！

我的泥作工法讓你感受到我的專業，不讀書你，來做工吧！「做工」是個不錯的人生選項喔！

水泥工
阿鴻

目錄

CHAPTER I

踏入泥工的
這條路

「萬般皆下品」的感嘆持續在影響時代,而資訊的發達也同時在改變世代思潮,讓我們看到每個行業都有令人尊敬的地方。我透過臉書粉絲專頁「水泥工」分享工法,帶著大眾導讀這個職業的眉眉角角,內容不乏專業知識、工程甘苦談,更有「帥氣」的工匠形象。我希望藉由一點一滴的紀錄去傳達職人精神的可貴,藉此扭轉做工的刻板印象,開創我們這個世代的「新泥作」。

家境危機
成就水泥工的職業生涯

我總是開玩笑說自己出身於「泥作家族企業」，從小到大身邊的長輩都走在這一途，我是家中第三代水泥工，我叫阿鴻。

家中主要承接舊屋的一條龍翻修，小時候常常跟著外公和舅舅到工地現場，從背後看著他們辛勤的英姿，表情專注、手法俐落，爆表的帥氣度卽使沙土也擋不住，他們的身影在我的心中埋下了做工很帥的想法。自己當爸爸後，也會讓孩子到工地現場，一方面是育兒需要，另一方面也讓孩子們瞭解父母的工作。對於孩子們未來的選擇與發展我不會過多干涉，只是想交給他們正確的觀念，任何工作只要願意吃苦耐勞，無論有形無形，都能從中有所收穫。

國中時的成績不錯，曾經考上台南二中，但我不想再繼續扛升學的壓力，轉而報考五專，但是升學的那個暑假由於家中經濟因素，全家北上為生活另覓出路，而五專的成績無法在台北升學，必須重考，無心於正規教育體系的我也就此荒廢學業。偶爾想起這一段經歷，我也會惋惜，會好奇繼續升學的我是什麼模樣，但並不後悔成為泥作師傅。也因為當初家境的關係，必須自己賺生活費，從 15 歲後我就不曾跟家人拿過錢，沒上學的那些日子嘗試過不同的工作，想培養一技之長，曾經在修車廠師傅家住過一天，也曾經在塑膠工廠打工，最後還是遵循家人的指引，走入泥作一途。

做工不能怕髒

從學校轉到工地是一件很不能適應的事，實際跟在長輩身邊學習，才發現帥勁的背後更多的是辛苦付出。學徒的入門有一個過渡期，必須先撐過環境的考驗：首先，要適應沙塵飛揚的環境，厚厚一層粉塵會卡在眼鏡上，我必須忍住不要一直拍掉身上的塵土，也不能一直想去洗手，而且要習慣水泥本身的氣味，想做這個工作就不能怕髒。再來是工地中的菸酒文化，這往往是大家對這個職業的負面印象，卻是師傅們在高度勞力工作下的放鬆方式，也是能促進彼此交流的媒介。我雖然不喜歡菸味，但理解這些現象的成因，所以學習去適應這個環境，甚至能換個角度思考，拿著保力達 B 的工匠其實也可以是一種帥氣的形象。

除了環境，體力更是重要，每天扛著 50 公斤的沙袋來回走動是最基本的體力活，還記得當學徒的第一天，中午吃飯時手是抖的，回家休息後鐵腿，對當時 15 歲的我來說，堅持訓練後肌力是會增加的，久了也就能負荷了。體力就是入門檻，若是熬不過訓練時期就只能放棄，當初雖然辛苦，現在回想起來成了能偶爾拿出來和大家分享的好笑回憶。

當學徒一開始學習的工作是幫忙前置作業，比如說把紅磚淋濕，或是攪拌沙漿。攪拌水泥是有技巧的，必須讓水泥和沙充分混合，批次加入水，反覆攪拌，不停重複這些動作，漸漸得就能掌握沙漿的比例。熟悉了前置作業，速度能跟上，也比較有時間可以站在師傅身旁看施作方法，偶爾師傅做累了就會讓學徒接手試試看，透過這樣穿插著幫忙的方式，一點一滴累積自己的能力。這個過程中同時也能看出學徒的態度是否積極，能否加緊速度完成前置作業，才有時間去學習師傅的手法，單單一個「小跑步」的動作就能看出學徒的企圖心，都能從中有所收穫。

用力撐過
那段看不見未來的迷惘

我很幸運跟著舅舅學習做工，而且他是優秀的「全才」水泥工，舉凡砌磚、貼地與壁的磁磚都沒問題。在這個時代，泥作工程的分工是很清楚的，因爲不同的工程有不同工法，需要的技巧也不同，所以全才的水泥工就更加的難得。跟著家人學做工比較不會遇到師傅「蓋布」藏私的狀況，但反而壓力更大，因爲家人會希望你趕快成材，工時拉很長，我在學徒時期，常常都是八點多才到家，也因此花更多時間扎實學習。

學習泥作的過程需要極強的觀察力去領略師傅的手法，因爲大部分的師傅都沒有系統性的教學意識，通常都是讓學徒站在身邊看，解說大概就是「你就安捏做、安捏做、安捏做」。我從過往的經驗看到了技藝傳承的困境，所以當我自己帶學徒時，就更注重解說，從完成品去反推回來，提醒哪些尺寸要算、哪裡要留溝、排水等，把觀念說明清楚，至少這樣能減少學徒走很多冤枉路。

然而，犯錯也是學習的一種，要犯過錯誤你才會知道有哪些細節是不能被忽略的。學徒時期最常搞錯施工順序，也曾經沒留意垂直線不直導致整面牆歪掉，或是施作後地板上的水排不掉，這時師傅的當頭棒喝都不曾吝嗇，我們只能虛心接受。這些啼笑皆非的錯誤在學徒時期總是有師傅幫忙修正，錯了就只好全部重來。

從學徒到半技，再到真正成為師傅的階段，我大約花了五年的時
間，過程中也常常覺得迷惘，每天重複一樣的動作，心急著想學
會所有技能，看到有人當了一兩年學徒仍然抓不到任何實際操作
的機會，只能一直幫師傅洗工具，那樣看不到未來的日子，很容
易讓人萌生想放棄的念頭。幸好我克服了這一路的磨練，領到正
式師傅的薪水那一天，差不多也是學成出師的時候。

學中做，做中學，
永遠都學不完

我在二十初頭成為正式師傅，三十歲左右獨立門戶，自己出來承接案子就不能依賴家中資源，什麼都必須自己來。一開始創業是沒沒無聞的，為了累積經驗做出口碑，只好削價競爭，工作只能先求有，渡過草創時期後才漸漸穩定。有一段時間我很專注於衝事業，巔峰時期帶著二、三十位師傅做案子，一個月可以做到十場，因此無法每一場都親自來，只能作為監督品質的角色，每位師傅的手路都不同，對於品質的標準不一，導致常常需要做修正，這讓我當時每天壓力都非常大。歷經了那個案量大的時期，我也漸漸了解重質不重量有多重要，現在會控制適當的案量，做好每一個案場才是好口碑。

與此同時我也喜歡透過部落格分享工事，想當初還不會使用電腦，是太太教我如何操作和打字，後來隨著新平台出現，轉到臉書上做分享，我希望藉由每天的分享留下泥作技藝的紀錄，也藉此推廣這個職業。即使成為被認可的師傅，仍然要持續自我砥礪，遇到新的材料，必須要懂得變通，去評估適合使用哪種工法施作，甚至要願意去學習、鑽研新的工法。我曾在粉絲頁分享貼磚的「拉拔工法」，源自於研究歐美的新材料，將以往容易被忽視的輔助附件「整平器」拿來運用，挑戰以硬底施工，這才發現 120 公分的進口磚能順利貼平整了，由於作法費工甚至引起同業的質疑，結果三、五年過去了，現在不採用這種施工方式反而不夠專業。

經營粉絲頁近十年的時間，累積了不少人氣，也因此連結很多不同領域的人，一開始有材料商邀請幫忙授課，讓設計師和師傅們了解新材料的施作方式，後來有木工教室的邀約，合作開一門「水泥鏝抹無框畫」的不定期課程，將水泥與藝術創作結合，課程開

設已持續三年，每次的報名都很踴躍。初期被稱呼為「老師」有點不自在，很快的我發現不只是在教，也從課程學習了很多，獲得不少靈感。此外，也曾經到海外與不同的工匠切磋學習，像是去過香港的水泥質感同好會做過課程分享，也有義大利人笑著說你如果來我們國家一定賺爆了，這也呈現國外對於工匠的尊重。

職業生涯走到這個階段，我試著從工作中找到有趣的事，發展更多可能性，藉著新時代發達的資訊網絡，這是一個重新形塑工匠職業形象的機會，我想讓大家知道，做工是一件很帥的事！

給身為泥作師傅的建議

① 時代在轉變，身為泥作師傅就更應該做出口碑，除了過去和老師傅們學習，也要更精益求精，建立自己的品牌，雖然在別人的體系下做事不差，但也要懂得給予自己更好的未來性，泥作職業的想像可以更多元化。

② 再來是，很多師傅都有一個老闆夢，想要做統包，運用人脈找到其他工種水電、木工、油漆等去完成一個裝修案，透過賺價差的方式盈利，但同時也必須花時間去涉略其他不屬於專業的領域，這等於是取捨掉了自己最專業的部分。自身擁有什麼專長你最清楚，我認為，做好自己的本分是最重要的事。

③ 最後，必須堅持自己的價值，雖然大家都會說一分錢一分貨，但我的觀點是，不設定級距讓業主選擇，建築工程的品質關乎安全，要做就做到最好。

給想當水泥工的年輕世代建議

前輩們的磨難與辛勤故事俯拾皆是，這是成為水泥工匠必經的歷程，能吃苦是入門條件。雖然這是一個講求效率的時代，但是年輕人的眼光應該放得更遠，而不是執著於眼前的利益得失。在訓練的過程中堅持不只是為了獲得技藝，也是在磨練心志，耐住性子與師傅磨合，從中體察應對進退，努力走過這些歷程，習得的工夫就會是你最驕傲的專長。

舅舅對我的影響很深，他說「好天要存雨來糧，做工的有工作就得做」，收入不定的個體戶要懂得把握工作機會，才能應對突發的各種危機。並且，工匠的工作方式很容易耗損身體，相對來說職業生涯不長，理財並且避免職傷非常重要。台灣遇到的缺工危機就是我們的轉機，新世代是很有發展的，必須跨得進來，而且走得遠。

CHAPTER 2

泥作
基礎課

泥作工程耗時費力，一旦做了就難以更動，我
們得熟悉相鄰工程的配合細節，藉由一米線標
高標準統一數據，預先標記灰誌、做好平整性，
力求與其他工種完美銜接！而整平器、雷射
儀、樂土防水粉等器具、材料的出現，用科技
讓數據說話、強化防水效能，徹底提升精準度
與客觀性，讓泥作這個傳統產業煥發新生、不
再只是「做土水」，而是「貼近生活的科學」！

泥作與其他工種銜接

2-1

擔任整修工程先鋒角色的泥作工程,不可避免地會影響前後工程如:拆除、木作、水電、油漆、鋁窗等等,我會盡可能了解需要互相配合的地方、多做一點細節,讓多工種銜接變得更流暢和諧,進而成就更好的工程品質!

拆除工程－進場先檢查

進場後會先確認施工範圍、內容,同時查看舊結構是否有拆除乾淨,小地方就順手剃除,但若未拆除、拆不乾淨的面積過大,我就會跟業主、設計師反映,避免未來出現工種銜接的施工責任糾紛,這種狀況較常出現在業主自行發包時,需格外小心!另外,還要進一步檢視未拆結構層如水泥砂、磁磚是否出現空鼓,俗稱「膨拱」,千萬別將新作泥作結構直接做在有問題的位置。

水電銜接－灰誌定位檢視管線配置位置

現今衛浴常會裝設進口高規格水電配件,與管線接合位置得格外精準,現場先做好一米線定位,抓出全室水平定位－「一米線標高」,接著泥作師傅在一米線標準下,於砂漿層用灰誌定位管線出口位置,加上易膠泥、磁磚厚度約爲 1.5 公分,這樣水電師傅便可預測磁磚完成面級距,避免龍頭五金鎖不到管線、或是太過凸出暴露鑿孔。而電盒則會在牆砌好後水電進場安裝,由水電師傅打鑿管線、電盒凹槽,配線結束後再交由泥作填補。

一米線標高－全體工班向我看齊

一米線即水平基準線，在裝修前期由設計工程、統包廠商測量、標示於全室牆面。一米線往下丈量100公分即爲地坪完成面高度，所有工班全部以此做溝通、施作高度基準，才不會出現標準不一、無法銜接等問題，全室裝修時需特別注意。

以泥作來說，地坪可能出現原本就有傾斜問題、拆除後地面凹凸不平、不同區域鋪貼材質厚度不一等，此時以一米線爲水平基準，微調、修正區域底層水泥砂厚度，即可讓地坪達成同樣水平高度。

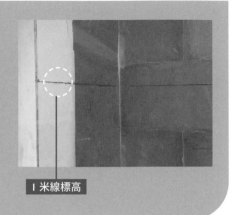

一米線標高

鋁窗工程－預留至少 1 公分灌飽漿，防水效果佳

鋁窗工程中，需泥作配合窗框塡縫，搭配矽利康在外部擋水、斷水，才能形成最佳防水效果，否則單靠矽利康，日曬雨淋年久變質、防禦失效，一旦雨水滲入窗框空隙，久而久之牆體含水飽和便形成室內壁癌甚至漏水。

所以建議在窗框架好後，預留至少 1 公分以上的空間方便泥作師傅器材施作、塡飽砂漿，如此也能讓窗框增加拉拔力、更扎實牢固；加上現在皆使用防水砂漿，隔水效果更佳！此外，我還有個私人小撇步，就是在窗戶外側的下方平台作出小斜坡，可有效避免雨水累積在窗框邊緣、達到物理排水目的。

1 公分空間灌飽漿。

木工銜接 – 確實做好門洞平整度

木作工程中有「暗門」、「系統鋁框門」時，與其相連的紅磚水泥開口需比一般門框更精準，才能讓木工師傅施作時減少調整、修補時間，達到最佳精緻、隱藏效果。

泥作需於門洞抹平後以紅外線雷射儀抓出兩側、上方垂直線條，確保ㄇ字型平整度，所以此類設計將耗費較多施工時間。

垂直又筆直的門洞。

油漆 – 修補破口、管溝

油漆師傅在施作前期會先進行牆面批土、整平工序，所以泥作在管溝凹槽、與舊牆銜接處填補砂漿時可以作得略凹一點，如此能夠讓油漆工程方便進行後續處理。

另外，除了泥作新砌牆部分，其餘舊翻新常出現的拆除破口，如門窗、櫃體拆除後露出的牆面砂漿剝落、空鼓，甚至地震裂痕等，都是泥作要進行剔除、修補的地方。

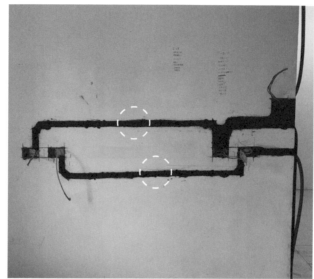

水電管溝修補。

拆除破口修補。

抹刀之外，更需要了解這些設備

硬底施作搭配整平器，讓我最推崇的「硬底鋪貼拉拔工法」更加完善、易於普及；紅外線雷射儀、水分儀、熱顯像儀則讓工地除了經驗也多了科技，新設備有效增進精確度，解放師傅花在前期時間，專注於施作工藝細節。

整平器 — 貼磚輔助器具

由於磁磚窯製成燒後或多或少會出現曲翹現象，越來越流行的 120 公分、200 公分等大板磁磚曲翹機率更高，如何調整磁磚鋪貼水平就成了一大課題！

我大概在八、九年前就開始使用整平器，它是用在磁磚與磁磚之間的整平矯正器，地坪、壁面皆可使用，不只能讓磚面銜接平整，同時也可定位磚縫、令其等距工整，算是鋪貼磁磚的「防呆裝置」，有效降低人為技術誤差。

有了整平器，搭配硬底膠泥磁磚鋪貼施作，就成為我一直以來最推薦的「硬底膠泥鋪貼拉拔工法」，雖然耗工時長、預算高，卻是最堅固耐久的磁磚鋪貼方式！

操作注意事項：

1. 適用於薄型（磁磚厚度 3.5mm ～ 6mm，一般磚厚度約為 8 ～ 12mm）、大面磚容易有曲翹疑慮，可用整平器調整。若是 5 ～ 10 公分小尺碼磁磚則無須藉此矯正曲翹。
2. 只適用於硬底工法，泥砂基底層固化後 才能出現固定住、進行磁磚曲翹拉拔矯正。
3. 現在整平器接受度高，已普遍使用於案場，整平器附帶的縫隙工整效果也讓市面上出現 1mm、1.3mm、1.5mm、2mm 等，提供不同磁磚縫距規格選擇。

紅外線雷射儀 ― 垂直水平測量好幫手

工班人手一台的紅外線雷射儀，幫助師傅們施工精準度更高，解決因為天候不佳、人員素質良莠不齊等不確定因素，大幅改善施工效率與精確性上的落差。

紅外線系統有以下三大功能：

1. 水平系統定位：水平標高定位。
2. 垂直系統定位：用灰誌在砂漿層定位施工完成點，卽貼牆儀功能。用儀器貼紅磚面，預抓 8mm ～ 1 公分砂漿垂直完成面（虛擬雷射線），我會在牆體用鋼釘拉棉線（口字形狀）、上下定位標記灰誌，棉線比雷射光更細，塗抹時準確性更佳。
3. 空間直角系統。

操作注意事項：

1. 紅外線雷射儀屬於電動儀器，不能摔、不可碰水，否則容易導致校正功能不準確。
2. 若校正功能異常就得送原廠微調處理。

貼磚時，阿鴻習慣將雷射儀開啟，用以檢視各系統的校正。

| 1.水平系統 | 3.空間直角系統 | 2.垂直系統 |

水分儀、熱顯像儀 — 防水測試、抓漏好搭檔

水分儀、熱顯像儀主要使用在防水測試與抓漏，由於這兩者相當依賴經驗來判讀結果，容易出現不同解讀，加上價格較高，所以較不普及，使用上要盡量熟悉儀器實際操作才能達到預想效果。

浴室防水測試時會進行試水，此時可用熱顯像儀去檢查牆角、止水墩，檢查是否出現顏色變化（含水），有問題區域再應用水分儀進一步確認濕度數據。這也是浴室完工後提供數據、佐證防水層有效的客觀方式。

而抓漏時則同樣以熱顯像儀抓出顏色異常處（不侷限低溫，高溫也有可能是熱水管漏水）；水分儀則負責檢測、匡列出壁癌相鄰處吸水超標的地方，重新裝修、剔除時可以一併處理，完整根治。

操作注意事項：
1. 水分儀、熱顯像儀屬於輔助儀器，要依照本職專業的豐富經驗才能客觀、準確評估。
2. 不同品牌數據標準並不一致，較容易出現人為誤差問題。

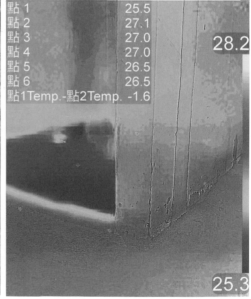

點 1　　　　　25.5
點 2　　　　　27.1
點 3　　　　　27.0
點 4　　　　　27.0
點 5　　　　　26.5
點 6　　　　　26.5
點1Temp.-點2Temp. -1.6

28.2

25.3

泥作材料更新，這樣用更好

泥作材料日新月異，因應案場情況而出現了更符合需求的產品，例如強化黏著的介質─水性接著底漆、幫助結構抗裂、防水的抗裂網與防水粉，使用方便、選擇多元，幫助泥作師傅事半功倍地落實每個施作環節。

水性接著底漆 ─ 強化黏著，讓泥作案場不再溼答答

水性接著底漆為介面材料，用以銜接兩個不同材質，多使用在舊泥作結構上、貼磚前，作為塗泥膏、易膠泥前置動作，目的在降低舊底層吸水速度、強化新泥砂結構拉拔。

建築結構一般為 RC 泥漿土或紅磚結構，要進行後續新作砂漿時，原結構面會出現吸水現象，等於跟新砂漿搶水分，若砂漿乾涸過快會影響結構強度，造成假性接著、膨拱情形。傳統作法是會把紅磚淋得很濕，但若遇到天候不佳，泥作完工後換木作、油漆進場，牆面潮濕將不利於後續施作，而水性接著底漆就是解決這兩難問題的好方法。

素地整理後，用水性接著底漆原液調好比例，滾塗、噴 1～2 次以上即可完成、施工快速，一桶 5 加侖原液（18 公升）價格在 2500 元以內（正確金額以樂土官網為主），雖然略增加材料費用，卻能解決濕度問題強化黏著、增加水泥砂結構強度，亦可無視天候、方便後續工程進行。

操作注意事項：

1. 進行前結構不能太髒，要先進行素地整理，RC、紅磚結構層要盡量清乾淨，如果現場都是沙土、灰塵顆粒，效果將會大打折扣。

2. 要噴塗施作在能吸水的地方，鞏固土膏、易膠泥等含水材質的黏著效能。

3. 我習慣使用樂土水性接著底漆，視案場情況用它的原液加水以 1：3、1：5 比例調製，噴塗 1～2 次以上即可完成。

4. 噴完後以側光觀察表面微亮，再噴水測試、觀察水珠狀流動性（依舊會吸水），不會馬上虹吸掉即可。

樂土防水粉 — 防水透氣的環保素材

樂土防水粉是將水庫淤泥改造成斥水效能環保素材，一包 2KG 可摻在 1：3 泥砂比的水泥砂漿中，延緩砂漿層乾涸固化速度，進而提高強度，形成剛性防水層。

我使用樂土防水粉已經超過十年，像衛浴重度用水區如牆壁地面、以及窗框填補灌漿等，都能達到非常好的防水效果。如果使用在一般壁面，根據實驗證明它兼具透氣性，大面積使用不用擔心房子被悶住，滿足住家防水、透氣雙重需求。

施作流程：

1. 一包水泥（40 公斤）＋砂（120 公斤）＋一包樂土多效能防水粉（2 公斤）。
2. 樂土多效能防水粉與水泥、一半的砂一起乾拌。
3. 倒入 5 加侖左右水量，讓攪拌機多攪 3 ～ 5 分鐘。（水量依現況微調）
4. 直至水泥砂漿坍度適合施作。（依個人現況微調）

操作注意事項：

1. 樂土多效能防水粉不能直接加水，需先摻入粉料乾拌後，再加水攪拌。
2. 本身為水泥添加劑，無法取代彈性水泥作用。
3. 乾拌時會產生粉塵，需全程配戴口罩。
4. 嚴禁搭配機仔粉、噴固精等水泥砂漿潤滑劑。
5. 要謹慎控制加水量，水量過多會導致水泥質材料失去強度，同時延長刮平時間。

抗裂網 — 有效增加防水層拉力

市面上抗裂網樣式五花八門，可分爲玻璃纖維網、PE 抗裂網、六角格網等不同材質，有不同尺寸、厚度供選擇。抗裂網主要用於防水層抗裂，如新舊牆面銜接處、浴室牆與地面轉角等，增加多向性拉力，但遇到地震導致 RC、紅磚的嚴重龜裂則無法與之抗衡。使用前需先用泥膏滿鋪砂漿層，抗裂網以邊緣重疊方式貼覆指定位置，之後批覆薄層泥膏，再進行彈泥等後續防水流程。

操作注意事項：

1. 貼覆抗裂網時，邊緣銜接處務必要重疊銜接，不可留縫隙。
2. 要用泥膏包覆，卽泥膏打底、上抗裂網、表面批覆泥膏薄層等順序進行，如此黏著性會更強，能發揮最佳附著效能。

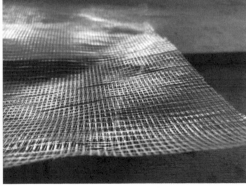

CHAPTER 3

泥作
施工法

泥作世家三代，我承襲古法但也因應時代而修正工法、調整工序，期許能帶給業主更好的泥作施工，泥作施工大致上可以分成幾個部分，一是最根本也是最基礎的基本功夫，像是放樣、黏灰誌還有填縫，再來是屬於進階泥作工程的部分，包含砌磚、地壁磚鋪貼等等，以及看似最簡單但反而更花時間的修補類型泥作，但不論是哪一個工序，共同點都是「準確」，而這些準確操作也來自於師傅手作！師傅必須有專業本職學能、細心細緻的心思與施工手法，才能讓所有工序平穩、順利且實用的完成。

<table>
<tr><td>I-I
放樣</td><td>放樣是泥作工程常規起手式，小到洗洞鑽孔，大到隔間牆定位，都需要精準放樣，設定好尺寸、位置，在與設計師確認無誤後，才算完成放樣步驟，尤其施工設計圖尺寸測量可能在舊空間、拆除前、泥作填補後等不同時間點，所以得現場比對圖面、微調。先求對、再求好，前置作業作對了，後續才能穩步發揮泥作師傅的施作技巧。</td></tr>
</table>

圖解隔間牆放樣這樣做

Step1. 抓出十字線

依據施工設計圖，丈量尺寸先抓出十字線，標示出基準點、線、面，定位出該系統的「十字線」。

（※ 十字線幾乎都是直角系統）

十字線的直角系統

阿鴻的關鍵提醒

用空間長邊去抓十字分割線能減少誤差值。

Step2. 用貼牆儀將點連成線

使用貼牆儀將標記的點連成線，即為隔間線。

點

連成線

點

Step3. 放出完成面位置

確認完成面位置後，依據單邊總隔間牆厚度 12.5 公分（水泥砂厚度 1 公分 + 磁磚（含膠泥）1.5 公分 + 紅磚牆 10 公分）回推砌牆牆身實際定位。

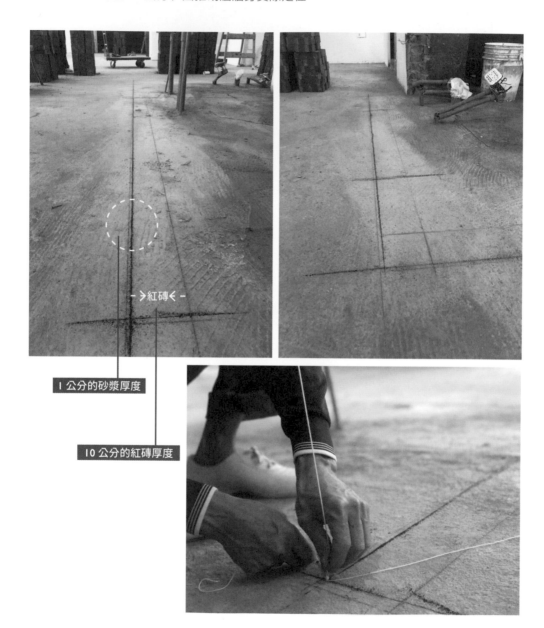

- →紅磚←-

1 公分的砂漿厚度

10 公分的紅磚厚度

紅磚隔間砌作的「垂直線線定位」。

阿鴻的關鍵提醒

因為單邊隔間牆本身具有約 12.5 公分厚度,得先確認完成面的位置是內推、還是往外擴,才能作出砌單邊牆的準確定位。

OK 完成!

最容易忽略的魔鬼細節

① 放樣位置基準錯誤如：找成空間短邊，導致偏移更多。用長向爲基準能減少誤差。

② 遇到門開口，以包外尺寸（含門外徑）爲主，會在淨空狀態請木工師傅放樣出來，一般抓 90～94 公分，預留兩側門框縫，裝設完後再嵌縫修補。

③ 完成面倒扣估算問題。(水泥砂厚度 1 公分 + 磁磚（含膠泥）1.5 公分 + 紅磚牆 10 公分 = 單邊隔間牆厚度 =12.5 公分) 要跟設計師確認是往內算還是往外算。

圖解壁磚放樣這樣做

Step1. 前置作業

要先知道磁磚尺寸規格，確認磁磚計畫放樣書，現場還得依照實際狀況調整，與設計師現場對一遍尺寸、工序。

阿鴻的關鍵提醒

① 現場與繪圖差距通常來自磁磚縫 2 ～ 5mm 導致落差。

② 地面會有排水管、電管、糞管等管線，一般以管線的最高點為依據往上抓 2 ～ 3 公分作地磚完成面。（10mm 磁磚＋膠泥 5mm ＋砂漿 10 ～ 15mm）。

③ 設計師確認好貼磚方向、補磚位置再開始施作。（起磚位置，俗稱磁磚起始線）

Step2. 標註起磚線

依照磁磚正確尺寸抓出貼磚起始的兩個點連成整磚線，訂出水平、垂直線條。

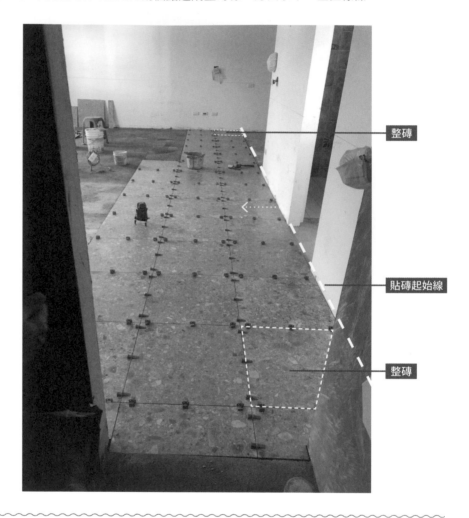

整磚

貼磚起始線

整磚

Step3. 拉出水平線、開始貼磚

我會開著紅外線水平儀，沿著現況水平線直接貼磚。

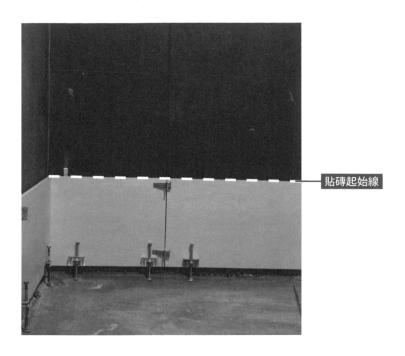

貼磚起始線

阿鴻的關鍵提醒

① 壁磚是由下往上貼。（以大尺碼磁磚為主）

② 雷射水平儀的紅外線線條，鋪貼時要切齊貼磚邊緣。

OK 完成！

最容易忽略的魔鬼細節

① 地、壁磚都要施工時，一般會先鋪貼壁磚，後補地磚。

② 第一塊壁磚下線要低於地磚（往下抓 1 公分）完成高度，避免出現地、壁銜接「破口」，壁磚離地磚縫隙太大；磁磚貼到最上端時，可以超過天花板預定高度，則可用天花掩蓋修飾。

③ 遇到有窗戶的邊角和柱身邊角時，要跟設計師現場確認，調整完成尺寸與設計。

Step1. 前置作業

與壁磚放樣相同，得和設計師確認圖面與實際空間的尺寸差距。

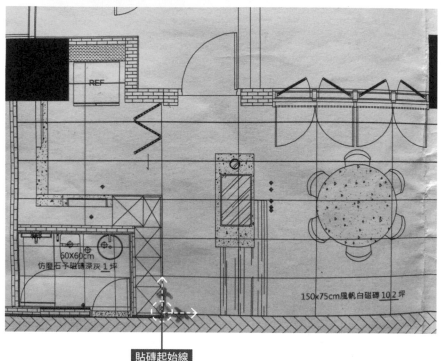

60X60cm
仿磨石予磁磚深灰 1坪

150x75cm風帆白磁磚 10.2坪

貼磚起始線

阿鴻的關鍵提醒

同時得設定好磚縫寬度，與地、壁縫的相對位置。

Step2. 以空間的長邊爲基準，抓第一塊磚的起始線

長向邊爲基準，先抓出磁磚寬度的兩個點，再用貼牆儀拉出基準線。

阿鴻的關鍵提醒

① 施作住家空間時,通常會希望進門第一塊磚為整磚。

② 若空間無法依照長邊基準,則可透過空間的樑柱位置去抓十字基準線。

Step3. 貼磚

訂出起始線後,開著貼牆儀、沿雷射線直接貼磚。

OK 完成!

最容易忽略的魔鬼細節

① 歪斜不對稱空間勢必會出現畸零區塊與裁切磚。

② 老舊住家的衛浴間,通常會出現 1 ～ 2 公分縫隙、無法剛好,此時會裁切磁磚的尺寸填補,或在一開始替換磁磚尺寸規格以符合現場需求。

③ 實際貼磚時,磁磚縫隙會有 2 ～ 5mm 微調,所以實際貼磚尺寸會與圖面出現落差。

<table>
<tr><td>

1-2
地磚排水
設定與排水
孔的位置

</td><td>

衛浴的排水五金位置看似簡單，卻暗藏不積水的大玄機！傳統會為了美觀、炫技等因素，強制地壁磚對縫而捨棄了更重要的排水系統，導致排水不順暢、演變出日後發霉壁癌、甚至漏水問題，這都是屋主未來得承擔的苦果，得不償失！針對這個問題，我利用十字分割線將地磚分割為四等分，四個區域的排水坡度都能往這裡導流、排水，最終十字分割線的水再集排於排水五金內，構成最有效率的洩水坡度系統。

</td></tr>
</table>

圖解排水孔十字分割線工序這樣做

Step1. 排水孔位置為 +0 最低點基準，開始作十字分割放樣

浴室地磚以排水孔為基準，作十字分割放樣。

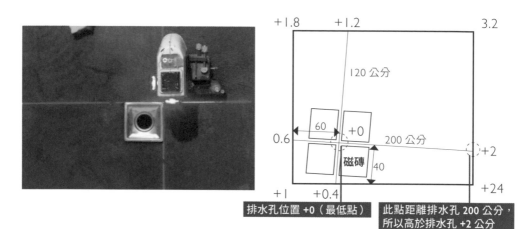

+1.8　　+1.2　　　　　3.2
120 公分
60　　+0
0.6　　　　　200 公分　　　　+2
磁磚　40
+1　　+0.4　　　　+24

排水孔位置 +0（最低點）

此點距離排水孔 200 公分，
所以高於排水孔 +2 公分

最容易忽略的魔鬼細節

① 排水孔落在十字分割線上，水流可以從磚縫、傾斜坡度物理導流排出。

② 排水孔一定得是浴室地坪最低點、通常會略低於地磚水平高度位置。

Step2. 以排水孔爲中心，先貼出四塊磁磚

四塊磁磚便能形成初始的十字分割線，後續以此再延伸往四個角落、作出四個區域的漸進坡度。

阿鴻的關鍵提醒

初始四片磚會因排水孔位置調整，靠牆側的磚不一定爲整磚。

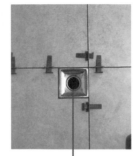

排水五金要略低於旁邊的地磚

Step3. 十字分割線爲起始，劃出四區洩水坡度設定

以長度 100 公分：落差 1 公分的排水坡度設定施工。

阿鴻的關鍵提醒

不同區域相接處即爲十字分割線延伸，水將匯流其中、再導入排水孔。

OK 完成！

最容易忽略的魔鬼細節

① 若想改變排水孔位置，需墊高衛浴地坪高度。

② 用雷射儀標出排水孔作最低點，再以此爲基準往外作出坡度規劃，而非以素地爲基準，因爲素地有時並非完全水平，容易導致測量結果不準確。

<table>
<tr><td>

1-3
地坪砂漿
打底

</td><td>

舊地坪拆除重新鋪設地磚，一定得先用砂漿作前置打底、整平，公共空間如客廳著重水平打底，但如果是遇到有水的空間，像是浴室或陽台，砂漿打底時必須同步作出排水坡度，同時要加強防水施作，添加防水粉以及增加防水性能。

</td></tr>
</table>

圖解地坪砂漿打底工序這樣做

Step1. 素地整理

要先將舊有地坪的素地清理乾淨，盡量不要有附著力差的異物在地坪上。（例如：粉塵）

Step2. 施作新舊水泥接著水性漆

主要讓新作的砂漿可以更強效且牢固與舊地坪接著。

Step3. 調配水泥砂漿

打底的砂漿沒有那麼濕，稱爲「騷底」，水分不用加那麼多，依現況檢視倒下來的砂有沒有很濕，再控制加多少水，一直翻攪拌砂漿至均勻。

Step4. 潑灑泥漿水

膠泥漿水（益膠泥＋水）的功能在於可以和水泥砂漿做咬合、銜接。（介材質銜接）

阿鴻的關鍵提醒

膠泥漿也可以用海菜泥膏加水取代。

Step5. 倒入水泥砂漿

在膠泥漿水依舊呈現膏狀的狀態下（未乾燥），以掃把、毛刷掃勻後直接以鏟子倒入砂漿、覆蓋住地面。

Step6. 以鏝刀初步壓實砂漿

利用鏝刀將鏟入的砂漿鏝壓扎實。

Step7. 雷射儀制訂高度、鋁尺整平

利用雷射儀抓出地面的水平高度，並且搭配鋁尺反覆數次進行整平動作。

Step8. 塗布水性底漆

砂漿打底後間隔一個工作天之後，塗布水性底漆，乾燥後就可以貼磚。

OK 完成！

最容易忽略的魔鬼細節

① 地坪施工的水泥砂漿的比例 1：3（水泥：砂）必須要很準確，才能達成砂漿結構強度，確保業主的翻修權益，達成優質的泥作內容。

② 底層打底砂漿的排水坡度務必精確，設計不良會造成長期積水、容易導致地坪砂漿可能吸水、飽和水氣，進而導致壁癌甚至漏水！平整，加上後續若是貼小尺碼磁磚，肉眼就可以看到牆面不平整的問題。

<table>
<tr><td>

I-4
牆面訂基準
黏灰誌

</td><td>

土水師常說的「摸記」、「麻糬」，也就是常用來定位牆面基準點的東西，正確的說它叫做「灰誌」！一個灰誌形成一個基準「點」，兩個灰誌形成一條基準「線」，多個灰誌形成一個基準「面」，透過雷射儀並且拉線於牆面確認，越精準的灰誌定位、整平起來的砂漿牆面也才能越平整。

</td></tr>
</table>

圖解訂基準黏灰誌工序這樣做

Step1. 貼牆雷射水平儀 訂出基準線

把雷射水平儀放置於牆角邊去做定位，以直角系統為前提、長向邊長為主軸來定位兩個等距的「點」，進而拉出第一條「一字線條」，再以此線條為基準，使用直角雷射儀來定位，最終定位十字垂直的另一條「十字線條」，於是「空間十字分割線」就此形成。

阿鴻的關鍵提醒

雷射水平儀訂出基準線之後，通常我會在測量、預抓一下粗胚打底後的牆面，與馬桶管線中心點距離是不是有 30 ～ 40 公分。

Step2. 牆面用鋼釘、棉繩固定位置

每道牆面根據雷射儀打出的雷射線條,以鋼釘訂出垂直的基準點,兩個鋼釘之間綁一條棉繩,棉線內側就是未來要黏貼灰誌的依據位置。

鋼釘訂基準點

阿鴻的關鍵提醒

灰誌黏貼的四個點以刮尺能整平的距離爲主,一般整平砂漿用的刮尺長度是2尺～7尺。

Step3. 黏灰誌

在牆面抹上適當厚度的泥膏，做出一點厚度，接著灰誌背後也同樣抹上泥膏，黏著於牆體泥膏上，同材質黏著效果較好。

灰誌

阿鴻的關鍵提醒

① 以一間衛浴來說，可以先把所有灰誌黏貼處的牆面，都抹上泥膏，因為泥膏乾了會微縮，待牆面泥膏都抹完後再黏貼灰誌，反而比較精準。

② 黏貼灰誌要避開管線地方，較好施工。

③ 灰誌邊緣與棉繩之間要稍微有點距離，不能碰到棉繩，看得到一點點縫就好。

④ 灰誌黏在抹好的牆體泥膏後，最後要從灰誌上緣約 1／3 的地方，往牆體方向再抹上泥膏，把灰誌跟牆面做包覆接著，讓面層泥膏更固化灰誌的穩固性，避免後續師傅抹砂漿的時候敲落。

⑤ 全部灰誌黏完之後要再巡視一次，看灰誌與棉繩之間的縫隙是否都有一致。

⑥ 黏完灰誌建議隔一天再抹砂漿打底，免得灰誌位置跑掉，功虧一簣。

灰誌和棉繩之間要有一點點
縫隙。

OK 完成！

最容易忽略的魔鬼細節

① 要以長向邊爲主軸，不能用短向邊當主軸，否則空間的直角系統會偏離歪掉。

② 建議還是要拉棉線，完成面最準確，雷射線打到棉線是中心點，如果沒有拉棉線還是會有誤差的可能，整個垂直面就會不平整，加上後續若是貼小磁磚，肉眼就可以看到牆面不平整的問題。

I-5
填縫

磁磚填縫看似簡單、最不需要功夫，但其實也是需要有點技巧的，否則磁磚縫不平整、坑洞百出，還會有明顯的高低差、造成磁磚整面汙漬灰濛濛的。尤其是現在磁磚價格愈來愈貴、師傅工資也漲，如果沒有完美確實的填縫收尾，這最後一哩路反而前功盡棄。

圖解填縫工序這樣做

Step1.　調和填縫劑

將填縫劑加水攪拌均勻，須有一定程度的黏稠度，不可太稀，攪拌後須靜置 2 ～ 5 分鐘左右。

阿鴻的關鍵提醒

一般填縫劑因為乾固的時間很快，建議一次的量不要調太多，否則做的速度如果不夠快的話，剩料就會硬掉，除非有二個以上的師傅同時進行，量才可以多抓一點。

Step2. 使用海綿鏝刀填縫

以海綿鏝刀刮取填縫劑，仔細地填飽、填滿磁磚縫。

海綿鏝刀

阿鴻的關鍵提醒

同一條磁磚縫隙必須來回數次將填縫劑填入，因為磁磚本身是有厚度的，透過鏝刀重複的動作去擠壓，縫隙填壓進去的填縫劑才會更飽和。

抹完局部填縫就要進行擦拭

進口填縫劑乾燥的時間非常快速,必須趁填縫劑還有點微濕的狀態下,就先拿大海綿擦拭,將磁磚先做第一回合的清潔。

阿鴻的關鍵提醒

① 海綿擦拭的方向盡量避免和磁磚縫隙平行順擦過去，必須是稍微有點垂直的角度擦拭，如果是平行方向擦拭反而會把填縫劑再度向下擠壓。除此之外大海綿擦拭的時候輕輕帶過就可以。

② 填地磚縫隙的時候多少會將填縫劑擠壓到壁磚縫隙，牆縫和轉角處的縫隙也要仔細擦拭清潔乾淨，特別是轉角縫隙得搭配小工具，如具有直角角度的小墊片先將多餘填縫劑刮除，就比較好清潔。

③ 粗糙面的磁磚因凹凸面不一致，清潔時要更謹慎，不過相對來說止滑效果較好。

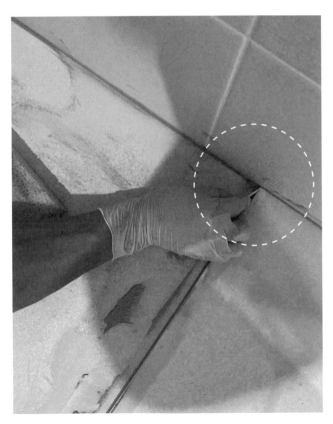

直角角度轉角處的地方可以用小墊片先刮除多餘的填縫劑，再進行清潔。

Step4. 重複數次 Step2 海綿鏝刀填縫、Step3 大海綿擦拭步驟，直到磁磚縫隙填完為止。

Step5. 第二回合擦拭清潔

由於填縫劑是水性材質，前面抹縫後擦拭的水很快會變成灰色，建議所有填縫完成後再盛接清水進行第二次清潔，把磁磚整理得更乾淨。

OK 完成！

最容易忽略的魔鬼細節

① 糞管周圍的水泥砂漿也要填縫

一般來說糞管管線銜接會高於磁磚，安裝馬桶時才能直接扣住，讓使用水能確實都在糞管內。但爲了避免水電師傅安裝馬桶若不小心有些微偏移位置，恐怕造成砂漿不定時含水，最終導致漏水，而填縫劑的吸水率低，對於砂漿層來說可形成一個保護作用。

② 大門邊的磁磚也別忘記填縫

如果是老屋翻修，通常更換大門之後，新大門會先用塑膠套包覆保護，記得要把塑膠套割開，將靠近門邊的磁磚做好填縫，如果遺漏最後只能用矽利康填補。

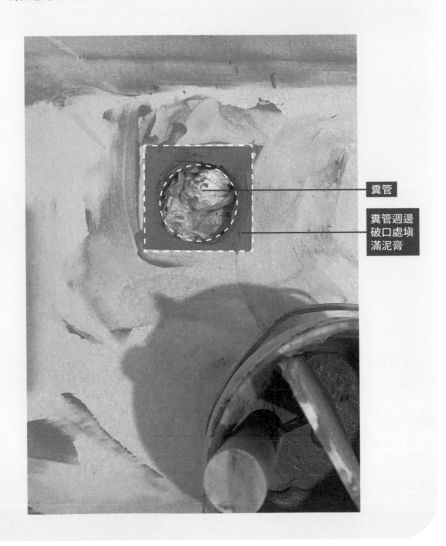

糞管

糞管週邊
破口處填
滿泥膏

1-6 磁磚切割 洗孔洞	水龍頭出水五金、壁面五金、毛巾架等設計，可藉由事前規劃時磁磚切割銑洞，預留出剛好尺寸，再行貼磚，完工後直接安裝五金配備即可，盡量縮小破口，兼顧機能與美觀。

圖解磁磚切割洗洞工序這樣做

Step1. 丈量定位、準確放樣

師傅需預先用角尺等工具，精確定位出鑽孔位置，同時將尺寸放樣於需開洞的磁磚面上。

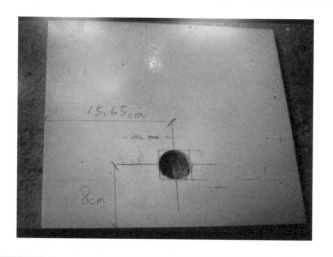

阿鴻的關鍵提醒

鑽圓孔時，磚面放樣完後會出現小方型草稿，描出開孔圓形的邊緣、藉此抓出圓心、使用尺寸合適的鑽孔五金即可鑽孔。

Step2. 洗洞開孔

選擇尺寸合適的開孔五金，按照放樣位置
開始切割鑽孔。

Step3. 鋪貼開孔磁磚

把加工好的開孔磁磚準確貼覆於預定位置。

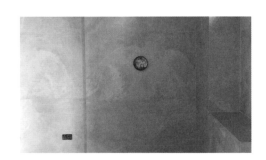

OK 完成！

最容易忽略的魔鬼細節

① 鑽好孔後，會因爲貼磚留縫關係，可能存在約 2mm 左右落差。

② 有些師傅會選擇以磁磚電鋸直接切出方形開孔，最後安裝傳統冷熱水五金蓋板遮住卽
可，但現在有些進口五金採用更精細的圓孔遮板，如此便會露出磁磚切割面、較不美觀。
（＊無論開「方形孔」或是「圓孔」，最終目的以五金不破口爲主！）

<table>
</table>

2-1 **管溝修補**	只要有新增設水電管線配置或是更改移位，通常牆面和地面就會有拆除配管的管徑和溝槽需要以水泥填補，雖然只是簡單的修補工序，但每個步驟都有必須留意的細節。很多人經常輕忽管溝裡面的異物、垃圾，一旦沒有清理乾淨，就會影響後續修補砂漿咬合接著的效果，另外很重要的是修補地面的砂漿坍度可以偏軟一些，但牆面的砂漿坍度建議硬一點，施作上較好操作，最後不可忽略的就是把溢出的砂漿清潔乾淨，特別是牆面，避免影響油漆批土的平整性。

圖解管溝修補工序這樣做

Step1. 除管溝內的碎石頭

利用噴槍或是刷子等工具，將水電管溝裡面的粉塵或細小的碎石頭清除乾淨。

Step2. 潑灑泥漿水

膠泥漿水的功能在於可以和砂漿做咬合。

阿鴻的關鍵提醒

和門窗修補的工序雷同，在這個步驟一樣可以換成接著水性底漆，不過要注意的是，底漆不能過量，否則如果原本樓板就已經有裂縫的問題，反而很有可能造成漏水。

Step3. 調配水泥砂漿

調配水泥砂漿比例,砂:水泥 3:1。

阿鴻的關鍵提醒

填補砂漿坍度可以稍微偏濕、偏軟一點,倒入溝槽內才能把密度灌得更扎實。但如果是牆面的話,建議砂漿坍度可稍微硬一些,比較好操作。

Step4. 砂漿倒入管溝、以鏝刀鏝抹壓實

砂漿用鏟子撥入管溝內,搭配鏝刀來回數次做鏝抹壓實的動作。

阿鴻的關鍵提醒

初步先用鏝刀將砂漿確實的填滿管溝，這時候砂漿還是會稍微凸起地面，接著再慢慢用鏝刀整平，此時砂漿高度會略低於地面一些。

Step5. 海綿沾水擦拭溢出的砂漿

將地面或是牆面管溝修補後所溢出的砂漿，利用海綿沾取清水做清潔。

阿鴻的關鍵提醒

① 溢出的砂漿建議順手擦起來比較美觀，一邊擦拭時也可以再度檢視有沒有填實、平整。

② 牆壁一定要將溢出的砂漿清潔乾淨，否則乾燥後的顆粒表面會影響油漆師傅批土。

OK 完成！

2-2
門窗填縫
修補

大門或是窗戶拆除後產生的框邊縫隙，必須要確實填入水泥砂漿，這個步驟看似簡單，不過每個環節都隱藏細節，像是灌槍得稍微傾斜，框邊才不會有空隙，最後的鏝抹收邊，也就是旁角（台語），以砂漿修補整平的傳統土水工藝更是最後關鍵，來回校對水平垂直線條、以鋁尺定位，結合塑膠鏝刀慢慢形塑工整的直角系統，看似基本卻很費工。

圖解門窗填縫修補工序這樣做

Step1. 調配水泥砂漿

準備一個桶子倒入七分滿的砂與四瓢左右的水泥，加水之後以電動攪拌器攪拌均勻。

阿鴻的關鍵提醒

① 門窗修補的水泥砂漿比例為 1：3，通常水都是依據現況調整添加，砂漿坍度必須要能夠順利吸取、擠出。

② 如果不介意材料費用，建議衛浴門框、直接對外的窗戶都可以在水泥砂漿裡面添加防水粉，大門或是沒有對外的窗戶，通常不會有漏水問題，則可以省略。

③ 坊間也會有在水泥砂漿加入噴固精的作法，但通常不太建議這樣做，一來是會影響水泥砂漿的密度。

Step2. 去除異物、噴水潤濕施作處

不論是拆除或是鋁窗立窗之後都會產生一些粉塵或碎石塊，必須在灌漿之前確實得清除乾淨，才不會影響後續泥作修補灌漿框內砂漿的接著效果。

阿鴻的關鍵提醒

除了噴水潤濕之外，另外一種做法是噴接著底漆取代水，底漆可以保濕滲透，讓後續砂漿的接著效果更好，但相對材料成本也會增加。

Step3. 使用灌槍注射砂漿、填實門框或窗框

灌槍前後來回吸取適量的水泥砂漿，接著往前推壓灌槍擠出砂漿填入窗框或是門框內。

砂漿灌槍

阿鴻的關鍵提醒

① 灌漿的時候記得灌槍要稍微往窗框上緣傾斜，這樣才能確保窗框底部也能佈滿砂漿、沒有空隙，擠出砂漿後則讓它自然回捲溢滿回來。

② 灌注上面的窗框上緣時切勿灌得太滿，否則當過多的砂漿下沉，很容易造成窗框變形。

Step4. 水泥砂漿鏝抹修補牆面

先刷一層膠泥膏水或抹膠泥膏，接著將水泥砂漿以鏝刀塗抹於窗框、門框四周牆面。

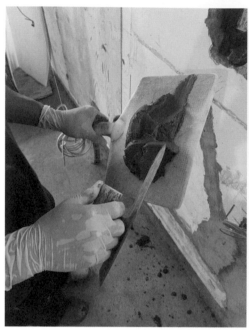

阿鴻的關鍵提醒

① 膠泥膏水的主要材料為益膠泥加水調和，也可以用海菜泥膏加水取代，膠泥膏水能幫助水泥砂漿的接著性。

② 在膠泥膏水還沒有乾燥之前要快速將水泥砂漿塗抹上去，如果等乾了才上砂漿反而造成假性接著。

③ 塗抹砂漿的時候必須要比舊牆再稍微凸出一點，因為後續還會經過整平工序，另外如果破口處太多可分次塗抹砂漿、墊出厚度，但記得要等微乾燥之後再疊砂漿，不能一次到位，否則砂漿太厚容易剝落。

Step5. 雷射儀抓出水平、垂直線條

利用雷射儀定位水平與垂直線條的位置，確保後續整平之後能完成「直角」。

Step6. 利用塑膠鏝刀、鋁尺整平牆面

依據雷射儀所制訂的線條，利用鉤子將鋁尺穩固夾住之後，再以塑膠鏝刀整平。

OK 完成！

最容易忽略的魔鬼細節

窗框縫隙大於 5 公分以上須補磚塊再灌漿

舊窗拆除後的框邊，一般是預留 1 公分左右的縫隙，好讓灌槍能伸進去注射砂漿，但有時候也會遇到框邊過大的狀況，此時務必要先利用打碎的紅磚稍微填補，再以灌槍填滿砂漿，如果全部都用砂漿的話、乾燥時間較慢，紅磚的好處是會吸水、有助於後續砂漿堆疊，且也會讓結構更扎實、堅固。

<table>
<tr><td>2-3
拆除破口
修補</td><td>工地破口修補也屬於泥作師傅的工作範疇，破口多來自隔間牆、磁磚、踢腳板等處拆除，或是水電管溝等，要注意填補前須徹底清潔乾淨，避免基底不穩固；另外，除了一般泥膏、膠泥膏接著外，更推薦可加上樂土水性接著底漆工序，會讓新舊結構接著更穩固喔！</td></tr>
</table>

圖解拆除破口修補工序這樣做

Step1. 素地整理

拆除完後清理乾淨，掃除粉塵。

阿鴻的關鍵提醒

若沒把細砂碎石等雜質去除乾淨，會影響後續填補新泥漿基底，銜接不穩固將影響結構強度。

Step2. 用介質銜接新、舊結構

整乾淨後，運用泥膏（海菜粉）或膠泥膏（益膠泥／黏著劑）等介材質接合。

阿鴻的關鍵提醒

在步驟 1、2 間我通常會再噴塗兩次樂土的水性接著底漆，輕鬆解決舊結構吸水問題，更能強化新舊結構黏著。

Step3. 塗抹填補砂漿

趁介材質未乾燥前，塗抹砂漿。

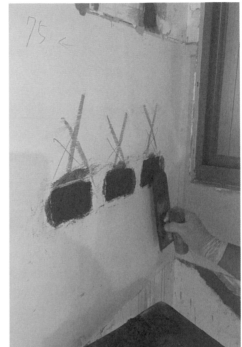

阿鴻的關鍵提醒

這裡使用1：3比例水泥砂漿。

- - -

Step4. **用鏝刀整平**

砂漿完成面用鏝刀整平，以利後續工程進行。

OK 完成！

最容易忽略的魔鬼細節

① 拆除破口越大，泥作越難填補，可能延長施工時間。

② 整平後要略凹於舊牆，方便後面油漆批土。

<table>
<tr><td>

**3-1
砌磚**

</td><td>

砌牆須以交丁工法爲前提去施作，增加交錯咬合力度，直立式堆疊會形成整齊的直線縫隙、形成易斷點；當砌磚細節越精準，垂直受力將越好、結構穩固！砌磚前的紅磚飽水、放樣尺寸位置正確無誤，更是施工前需要規畫、溝通好的重要關鍵。而新舊結構的銜接上，植筋能強化拉拔力爲建築空間安全性多加一分保障。

</td></tr>
</table>

圖解砌磚工序這樣做

Step1. 紅磚飽水

現在可以要求紅磚廠在送來現場前，加價預先淋好水，令其含水飽和但「紅而不出水」，加快施工進度。若要現場淋水，得提前一天讓磚在正式施作時能達到理想狀態。現場淋水馬上砌牆，這非常吃師傅經驗，除了牆面出水、還容易出現「軟腳」問題，讓牆面歪斜。

阿鴻的關鍵提醒

①現場淋水動作怕造成樓板漏水疑慮 可以先鋪一層帆布阻絕；若砌牆面積小，也可以每塊磚單獨泡水，或邊施作邊淋水。

② 可在施工前一天將紅磚把水份「餵飽」（出水狀態）並靜置。

Step2. 砌磚放樣

一般來說是點、線、面，先在地板上丈量出牆面要砌磚的正確位置，在地坪上先找出兩個基準點，才能彈出第一道隔間墨線。

阿鴻的關鍵提醒

① 砌磚放樣要扣掉水泥砂漿、使用面材如壁磚等厚度，一般是預留 1 ～ 3 公分。（砂漿厚度＋磁磚鋪貼厚度）

② 地坪先用墨線彈出範圍，再用雷射儀定位砌磚垂直空間吊線，直至施工完成才將棉線拆除。棉線等於砌磚時的校正系統，避免磚與泥漿層層堆疊不夠平整精確、導致磚面歪斜。

③ 古早時期因為沒有雷射儀，吊線不準，連帶讓垂直度不精確，當時使用秤錘，造型類似陀螺，陀螺尖點固定垂直邊線，從上面微調，但是秤錘容易晃動，只能取中間值，導致人為誤差很大，所以砌多高得看師傅能力！而吊線不精準所導致問題是砌起來會歪掉、半牆施力點偏移，所以會砌到一半先讓水泥砂漿固化再繼續，避免倒坍危險。

交丁堆砌

室內隔間牆 1/2B 四吋磚牆，紅磚一般寬度為 10 公分，採交丁方式施作，砌磚轉角處 L 型必須錯開。

阿鴻的關鍵提醒

① 若砌牆時採用直立式堆疊，將會形成整齊的直線縫隙、容易斷開，所以選用交丁方式；而砌磚越精準，垂直受力越佳。

② 施工時的水泥砂漿比例約爲 1：2～1：3。

③ 紅磚飽水、交丁砌磚，在如此前提下砂漿水份不易被紅磚虹吸（太快乾成會導致咬合、接著度不好）！牆面結構強度夠、一層層的紅磚也很紮實牢固。

④ 砌牆建議採分次施作，上半天先砌一個高度，由於砂漿尚未凝固，再往上砌禁不起左右晃動，隔一個工作天後，等下半牆砂漿充分固化，再繼續堆疊較爲穩妥。

⑤ 滿漿砌與半漿砌的差別：滿漿砌：磚之間砂漿要滿，清水磚牆這類直接裸露磚面設計皆採用此手法。半漿砌：砂漿不做滿，待後期粗胚打底工序，新的表面砂漿在鏝刀抹平過程中，能更好咬進磚牆內縫隙，增加表面與結構體砂漿接著力。

Step4. 植筋強化

和舊結構若有銜接，舊結構牆要加入植鋼筋拉拔的動作，垂直重力才會牢固。靠牆面的部份，若舊屋高度 270 公分，植鋼筋約為 5 ～ 6 支。

阿鴻的關鍵提醒

① 植入鋼筋長度大約 20 公分，要植入大約 5 公分以上，確保牢固不鬆動，餘下裸露部分用砂漿咬合，算是跟舊牆銜接的加強措施。

② 如果省略植筋工序，經過二次施工的新舊牆面介面裂開的機會很大。植筋後遇到地震等狀況即使出現裂痕，但結構與結構之間有多一道支撐力，安全上也能多一點保障。

Step5. 趁砂漿未乾清除溢漿

用抹刀或掃把，趁砌磚砂漿未固化前，在側邊檢視磚牆，將溢出的砂漿整理乾淨，讓砂漿不要凸出紅磚牆面過多。

阿鴻的關鍵提醒

砌磚後水電進場施作（配隔間牆內電管與水管 要打鑿跟配管），此一期間紅磚必然會乾掉，因此在後續打底粉光（水泥砂漿抹牆）之前就得再淋水，或是上水性接著底漆，強化結構咬合力。

OK 完成！

最容易忽略的魔鬼細節

① 轉角邊一般會使用整磚，受力最穩固。

② 砂漿不能乾、紅磚要夠濕，避免假性接著，如此施作咬合效果最好。

③ 施作時要注意保持吊線準確位置，注意不要被砂漿、紅磚卡住，造成牆面施作歪斜。

④ 當圖面解讀錯誤，導致放樣偏移，後續施工砌錯再拆會是大工程，浪費大量時間與材料，所以放樣尺寸、位置要再三跟業主與設計師確認。

⑤ 砌到離天花約 30 ～ 40 公分時，需計算水泥砂漿要厚還是薄，微調令其剛剛好整塊紅磚。有些地方或有偏差，砌到最後得開始修正紅磚大小、甚至敲成半磚。

⑥ 清水磚牆與一般紅磚隔間的不同在於除了在材料形狀、顏色等條件要求嚴格，因其砌完即完成面，所以一塊塊都需敲打定位、清潔乾淨，隨時以水平儀檢查精確性，施作速度會較緩慢。

細節⑤－整塊紅磚

<table>
<tr><td>

3-2
壁面鋪貼

</td><td>

貼壁磚同樣也是要用硬底鋪貼、拉拔工法，可以加強鋪貼平整度、磁磚間縫隙的勻稱，但要注意的是像壁磚轉角處的收邊方式，同時要檢查磁磚本身的曲翹度、磚縫的細緻度（直角與否），而壁面磁磚還會遇到出水龍頭孔徑裁切的問題，也必須仔細確認尺寸規格，孔徑裁切位置正確，貼出來的磁磚才會好看。

</td></tr>
</table>

圖解壁面鋪貼工序這樣做

Step1. 拆除後素地整理

如果是舊屋翻新，浴室拆除後先把牆面的灰塵、小碎石清理乾淨。

Step2. 校正空間直角系統

利用紅外線儀、貼牆機將空間直角系統作定位確認，這樣才可以讓磁磚線條平行完美、櫃身跟浴缸都能服貼在浴室的垂直空間上。

Step3. 牆面灰誌定位

透過精準的雷射儀並且拉線於牆面，將灰誌精準的施作在垂直水線定位上。

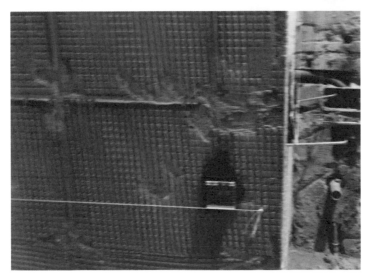

Step4. 鏝抹防水砂漿

在基礎結構上塗布防水砂漿並且整平。

Step5. 水泥砂漿粗胚打底

將水泥 1 砂 3 的比例調和抹於壁面，用鋸尺、線尺整平砂漿。

Step6. 壁面防水膠施作

防水膠一體成型的施作，至少 2 ～ 3 道以上的防水層堆疊，完成最後一道防水工序。

Step7. 壁磚放樣、抹漿後鋪貼

使用鋸齒鏝刀把益膠泥膏抹在壁面和磁磚上，將磁磚鋪貼於壁面，貼好後稍微輕敲均勻拍打。

阿鴻的關鍵提醒

① 牆面鋪貼磁磚若遇到冷熱管線須先進行磁磚孔徑裁切，裁切時要注意精準定位出鑽孔的位置，也必須把尺寸放樣在磁磚上。

② 通常壁面貼磚可能還會有層板位置，同樣需先訂位層板水平距離進行裁切。

Step8. 磁磚貼好後用橡膠槌敲打

磁磚貼好之後用橡膠槌平均的敲打，膠泥會被擠壓出來，會再檢視一下磁磚與磁磚銜接的平整度。

Step9. 填縫、海綿擦拭（詳細填縫步驟可翻閱 P.66）

施作填縫劑，用海綿鏝刀確實地填滿磁磚縫隙，然後再用海綿擦拭乾淨。

OK 完成！

最容易忽略的魔鬼細節

轉角處的磁磚有好幾種收邊方式（例如：45 度倒角背斜加工鋪貼、磁磚收邊條、磁磚與磁磚「蓋磚」、磁磚倒圓角加工…等）各有優缺點，也必須以施作現況，依磁磚本身的特性去評估，微調施工！

<table>
<tr><td>

3-3
地磚鋪貼

</td><td>

貼地磚的四大基本原則為：牢固（不空鼓）、平順（不踢腳）、排水（不積水）、工整（不錯落）。阿鴻貼地磚都是採用「磁磚硬底工法」鋪貼，簡單來說就是前置要先以砂漿整平打底到設定的完成面，等砂漿乾固完成之後，地板、磁磚使用鋸齒鏝刀滿漿批覆，整平固定器輔助做平整鋪貼，最後校正磚縫誤差。此工法的優點是黏著鋪貼的效果比軟底好，大塊磁磚還能搭配整平器施作校正磁磚本身翹曲的問題，不過就是工時會拉長、施工預算相對也較高。

</td></tr>
</table>

圖解地磚鋪貼工序這樣做

Step1. 施作七厘石防水

地板拆除後在原始樓板結構上施作一層七厘石防水結構層，一併將止水墩一體成型設定製作完成。

止水墩　　　　　　　　　　　　　七厘石防水結構

此爲止水墩一體成型製作。

Step2. 再接一層防水層

在七厘石的表面上,先施作彈性水泥防水層。

Step3. 測試防水

放水約 1 ～ 2 個工作天，並且搭配儀器檢測確認止水墩沒有滲漏的疑慮。

Step4. 素地整理

將地坪表面灰塵掃除乾淨，避免影響後續泥膏、砂漿的接著。

Step5. 介材質設定

先上泥膏或膠泥水，平均佈滿地面，滾塗或刷塗都可以。

Step6. 鋪水泥砂漿

在泥膏水未乾燥之前，將 1：3 的水泥砂漿平鋪於地坪上。

Step7. 設定排水跟洩水坡

依照排水孔相對高度標高防水砂漿的排
水坡度，也就是所謂的洩水坡度。（排
水與洩水坡度設定詳見 P.52）

Step8. 整平粗胚面

將砂漿利用鋁刮尺、塑膠抹刀整平至粗
胚平整且擁有排水系統。

Step9. 素地整理

硬底砂漿打底後多多少少都會產牛粉塵，砂漿在抹的時候也會有一些凸起的小顆粒，一顆顆的凸起物可以用鏝刀先刮除再掃乾淨，後續砂漿的接著性才會比較好。

阿鴻的關鍵提醒

在這個階段建議檢查一下地坪排水管的相對高度，必須裁切到能安裝排水五金的高度，排水管太高的話會凸出，切太低又會讓砂漿破口，恐有砂漿吸水的疑慮。

Step10. 增加底漆或彈性水泥

施作水性接著底漆或彈性水泥在粗胚面上。

 阿鴻的關鍵提醒

彈性水泥可以讓防水功能更好，而水性接著底漆則會讓後續泥膏接著牢固性更好。

Step11. 根據磁磚規格計算裁切範圍

利用紅外線與捲尺等工具作磁磚放樣計畫，最後用墨線彈出磁磚鋪貼的尺寸分割。

墨線彈出磁磚鋪貼的分割線。

阿鴻的關鍵提醒

磁磚裁切的時候，
切割器要對準之後
再下刀，同時要注
意使用力道，太出
力的話反而會造成
磁磚崩裂。

Step12. 地面、磁磚抹膠泥後貼磚

使用鋸齒鏝刀把益膠泥膏抹在地面和磁磚上，將磁
磚鋪貼於地面，貼好後稍微輕敲均勻拍打。

地面抹膠泥。

磁磚背膠。

阿鴻的關鍵提醒

① 地面的抹漿和磁磚背面的抹漿建議盡量滿鋪，對磁磚的黏著性較好，地面的抹漿可以稍微超出該磚範圍一些。

② 貼大尺寸磁磚的泥膏厚度最好稍厚一些，大約 3 ～ 7mm，以利後續磁磚整平器的輔助使用，小尺寸磁磚膠泥膏厚度約 1 ～ 3mm。

③ 地面貼大尺寸磁磚時，抹漿後可以在四個角落放置塑膠墊片（約 3 ～ 5mm），避免降低砂漿的厚度。

Step13. 放置整平器

使用磁磚「整平固定器」，來間隔磁磚與磁磚的縫距，進而修正磁磚本身窯燒製成的曲翹性，讓磁磚鋪貼的平整性與線條更完美。

阿鴻的關鍵提醒

整平器適量即可，以 120 公分磁磚來說，建議放 3 ～ 6 個整平器就足夠。（依現況磁磚平整度微調）
※ 薄磚例外

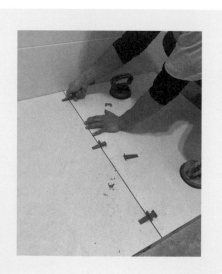

Step14. 整面磁磚貼好後用橡膠槌敲打

磁磚貼好之後用橡膠槌平均的敲打，膠泥會被擠壓出來，會再檢視一下磁磚與磁磚銜接的平整度。

Step15. 填縫、海綿擦拭
（詳細填縫步驟可翻閱 P.66）

施作填縫劑，用海綿鏝刀確實地填滿磁磚縫隙，然後再用海綿擦拭乾淨。

OK 完成！

最容易忽略的魔鬼細節

① 磁磚的背膠應確實滿鋪，跟地坪膠泥有更牢固的結合。

② 填縫劑不宜一次攪拌太多，避免填縫材乾燥固化難以施作。

<table>
<tr><td>
3-4
砌浴缸
</td><td>
浴缸區域需要設定止水墩、準確的洩水坡度，建構自己獨立的排水系統，幫助此區用水能在最小範圍內快速排出。而正確放樣是裝設浴缸第一要務，掌握好尺寸與位置，精準的直角系統控制浴缸與牆邊縫隙、有效減少封邊困難度。
</td></tr>
</table>

圖解砌浴缸工序這樣做

Step1. 浴缸尺寸放樣

通常浴缸大小不會完美契合空間，所以得預先依照長、寬、高尺寸施作泥作支撐框架。兩邊垂直線、拉橫線由兩側往上堆疊。

浴缸側牆磚砌。

Step2. 支撐疊磚

泥作部分要預留磁磚、泥漿、砂漿厚度，需再退 2.5 ～ 3 公分，砌出ㄇ字型支撐底座，同時要記得調整水泥砂厚度抓水平高度、讓浴缸得以平放。砌磚高度會高於浴缸 2、3 公分，讓缸體的腳稍微騰空，預留產品尺寸誤差可能，等水電師傅定位後再將其用水泥糊住固定。

水平高度

阿鴻的關鍵提醒

靠牆側的直角系統要作準確，這樣浴缸進場裝設時往側邊靠就可精準抵住，萬一規劃不夠精確，就會出現浴缸與牆面呈現大小縫的窘境。

直角系統

Step3. 浴缸底洩水與地壁防水施作

先塗覆七厘石防水砂漿，依照排水孔位置作排水坡度洩水，浴缸側牆與浴缸底再塗一層彈性水泥等防水層，設定止水墩區隔相鄰浴室用水區塊，形成浴缸下的獨立排水系統。接下來等水電進場立浴缸。

阿鴻的關鍵提醒

① 新大樓的浴缸位置通常會預設兩個排水孔，一個是浴缸排水用、另一個則是溢水孔，如此一來有助於提升大量用水、排水的順暢度。

② 由於浴缸與泥作結構爲異材質銜接，即使打了矽利康也無法完全隔絕水滲漏可能，所以會在浴缸下方作好防水，設定止水墩，區分浴缸下與浴室其他機能空間的排水系統。同時規劃排水坡度，讓水能順利流入排水孔。

③ 要請水電師傅將排水孔的管子裁切與地面齊平，避免阻礙水流導出。

Step4. 封牆放樣、疊磚、貼磚

浴缸裝設完畢後，同樣依照先前工序，先放樣、再以兩邊垂直線、拉橫線由兩側往上堆疊砌磚、貼磚。

阿鴻的關鍵提醒

① 立完浴缸後再貼磚，能再多擋住一點缸體與泥作的縫隙，減少平台凹槽、積水問題。

② 裝設好浴缸後，在與泥作牆面異材質交接處，可先將矽利康打滿、起到斷水作用，等磁磚貼好再塗抹一層水泥填縫劑。

③ 浴缸邊通常會有約 3 公分厚度，可用泥膏將磁磚平台墊出斜坡、作排水坡度，要小心高度不能超過浴缸、破壞美觀。

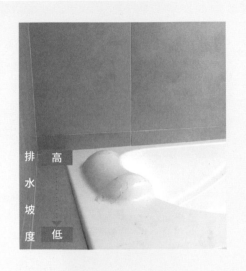

排水坡度　高　　低

OK 完成！

最容易忽略的魔鬼細節

① 力求浴缸尺寸的前置放樣正確精準，方便後續工程順利進行

② 浴缸區塊需規劃止水墩、洩水坡度、防水工序等獨立排水系統，避免日後出現漏水狀況處理困難。

③ 浴缸側邊靠近排水孔處，可預留維修孔方便日後檢修使用；若為了美觀外面鋪貼磁磚，孔洞則得比單片磚再小一點，之後單拆一片磚即可。

④ 傳統磚砌浴缸施工步驟複雜，要磚牆交丁施作、植筋、防水水泥砂漿、抗裂網滿鋪，盡力跟舊結構結合。然而即使預防措施完備，若是高樓層遭遇地震，二次施工的縫隙開裂，加上澡池放水水壓大，此時就會有漏水可能。

3-5 浴室門檻 安裝施工	千萬別做號稱快速省事的「門檻團貼工法」－注入矽利康只求固定即可的簡便作法。看似簡單的浴室門檻安裝，可是暗藏著防止相鄰地板泡水發黑的重要關鍵細節！從鋪覆七厘石砂漿止水墩開始阻絕底部滲水，加上防水泥膏塞好塞滿的門檻、與磁磚相鄰處輔以填縫劑與矽利康，一道道扎實工序，徹底斷水路，保障乾燥清爽的居家生活。

圖解浴室門檻安裝工序這樣做

Step1. 門檻內填滿防水泥膏

磁磚貼到門檻邊、切齊止水墩，此時將適當比例的泥膏砂漿加入防水粉，填滿門檻內側。

阿鴻的關鍵提醒

① 不建議使用快速省事的「門檻團貼工法」，即在門檻內側僅注入矽利康就直接安置於地坪，這樣大概只有固定效果，防水滲漏效果微乎其微。

② 止水墩爲一體成型設計，沒有異材質銜接裂隙問題，利用七厘石防水砂漿打造出剛性防水底層結構。

③ 浴室止水墩除了直接防止浴室用水的溢流外，更可以有效屏蔽地板砂漿層的水氣。

Step2. 門檻安裝前，灑水泥粉固化表面

填滿砂漿的門檻翻過來安裝前，要先灑一點水泥粉固化軟漿表面、收乾水分令其不易流出，再置放於止水墩上令縫隙滿漿。

滿漿

泥膏滿漿。

阿鴻的關鍵提醒

門檻從頭到尾、一字型滿漿黏著鋪貼真的很重要,能有效擋住滲入門檻縫隙水分,避免相鄰室內空間木地板潮濕發黑慘劇!

Step3. 擦淨溢出泥漿,仔細填縫

確實把門檻按壓貼緊於止水墩後,擦去溢出泥漿,與相鄰磁磚作最後的填縫處理。

滿漿

Step4. 矽利康收尾

最後在門檻、磁磚接合處打上一層矽利康收尾，擋水性能更加確實，能讓防水係數達到最高。

阿鴻的關鍵提醒

建議選用灰色系矽利康，較能抗汙，不易變黃、發霉。

OK 完成！

最容易忽略的魔鬼細節

無論是常見的石材或其他材質門檻，轉角處的異材質銜接最好都能打矽利康作最後一道防水防線。

<table>
<tr><td>3-6
水泥粉光
地坪</td><td>水泥粉光地坪以其粗獷原始的樸素面貌成爲現代簡約設計的重要一環、深獲大眾喜愛。由於水泥粉光地坪爲多孔性，易吃色、吸附髒汙，還會因溼度溫度、地震、管線高低差等原因造成無法預期的龜裂，所以得格外著重每道工序銜接的確實性，如結構與粗胚、粗胚與抗裂遮瑕網泥膏、抗裂網與面層等，排除施工造成的隆起、大裂痕。建議使用在商空這種講求設計氛圍、對細節要求不高的場域較爲適合，或是已經充分認知水泥粉光地坪的各種不可控特性，就喜歡自然生成粗獷樣貌的族群。</td></tr>
</table>

圖解水泥粉光－騷底工序這樣做

Step1. 新舊水泥接著

拆至見底後，塗覆新、舊水泥間的水性接著底漆並待其乾涸。

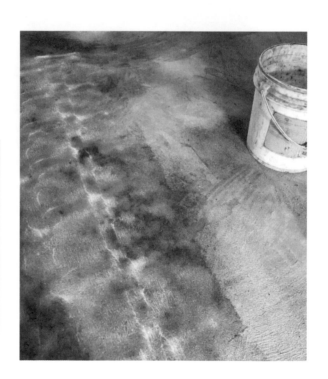

阿鴻的關鍵提醒

① 施作前需盡量將拆除結構表面清理乾淨。

② 上完新舊水泥接著劑後，潑盆膠泥膏水加強與底材黏接；同時保持泥膏濕潤，才能與後續材料完整接著。

Step2. 粗胚打底

騷底工法的水分比約為 50%，施作平整度會較軟底施工高、裂痕會更不明顯一點，但依舊有細微龜裂出現。

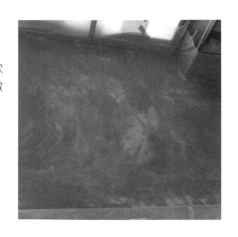

阿鴻的關鍵提醒

① 新砂漿跟底層舊結構接著不佳時，無論水泥砂漿太薄、太厚，都會往上隆起。

② 當粗胚下方內藏電管、水管處，因其有一定厚度導致新舊水泥無法完整黏著，管線周圍日後也容易成為裂痕好發處。

Step3. 再次進場，素地整理乾淨

粗胚打底完後退場，讓木作、油漆等工班施作，後續再進場作二次粉光，此時地板很髒，要先將素地清理乾淨。

Step4. 表面粉光

二次進場後，需再作一層新、舊水泥接著面，最後才施作粉光層。

表面粉光層可以透過下面三種手法施作：
1. 粗胚完成後，用薄層泥漿去打底、整平作完成面。
2. 先篩砂、再抹水泥砂漿，作更細膩的砂漿薄層二次粉光。
3. 粗胚有坑坑洞洞，第一道使用益膠泥整平、再貼滿玻璃纖維網抗裂遮瑕，盡可能遮住下方水泥砂裂痕不去影響表面，最上方再塗覆薄層水泥砂漿粉光完成。

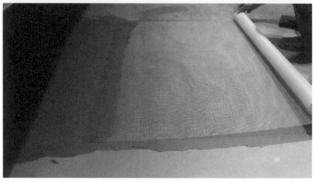

阿鴻的關鍵提醒

因為誰都無法 100% 保證下方打底水泥層的龜裂變化程度，可能因為天氣、濕度、地震或是管線，無論如何施作，水泥層一旦開裂依舊會對表面造成影響。

OK 完成！

最容易忽略的魔鬼細節

① 水泥砂材質作完成面，每層皆為水泥材質銜接，要特別注意每道工序銜接的確實性，結構與粗胚、粗胚與抗裂遮瑕網泥膏、抗裂網與面層等，每層都要清理乾淨。

② 新舊接著劑施作後，潑益膠泥膏水，加強與底材黏接。要注意膠泥膏水要保持濕潤不乾燥，避免假性接著，才能與面材完美貼合。

舊磁磚直接施作的水泥粉光地坪

起因

因應現今裝修型態，拆除、丟廢棄物費用貴，加上徹底重作成本高，而且重作仍無法消除龜裂、起沙疑慮等等原因，出現省下前述所有費用，直接從舊有磁磚面開始施作的水泥粉光地坪工法

工序與注意事項

工序一樣為新舊水泥接著、薄層泥膏、抗裂網、面層粉光。其中較特別的是由於水泥特性會受底層材質影響乾燥速度不同而出現色差，在這裡磚縫與磁磚吸水率不同，所以會造成水泥乾燥速度不一，最後形成色差，所以需先將磚縫整平、處理到與磁磚吸水率一致才能開始動工。

缺點

此方法風險為底層可能為二、三十年老建築結構，一旦哪天發生問題隆起開裂，上方施工也會連帶受影響。

軟底施作

施作時得穿釘鞋，做出的完成面可能會出現平整度不夠好的問題。水灰比的水比例偏高、水泥砂強度不夠，完工容易出現起沙問題甚至裂痕；水泥地坪色澤無法控制，難以掌握預期樣貌。

軟底施工的裂痕原因

水先乾涸後，水泥砂固化把完成面撐開，所以容易出現大大小小裂痕。

<table>
<tr><td>

3-7
浴室泥製
收納凹槽

</td><td>

一般人住家面積有限,小小衛浴更是寸土寸金,如果在洗手檯上方、淋浴間規劃時,能夠利用泥作牆面內凹、爭取收納空間更是再好不過!不過泥作難修改的特性,得從一開始規劃就設定好深度、尺寸、位置,以及磁磚貼面安排與排水防水計劃,如此未來日常使用才能無後顧之憂。

</td></tr>
</table>

圖解浴室泥作凹槽工序這樣做

Step1. 放樣、預抓完成高度位置

根據設計師規劃的收納凹槽深度、位置、尺寸等相關資料,預抓凹槽完成高度,放樣砌作尺寸,垂直線的定位、收納凹槽的位置!

牆面標高預抓完成空間

阿鴻的關鍵提醒

① 先設定地坪水平高度，預估凹槽完成面會落在第幾塊磁磚整磚線上。

② 磚砌隔間必須加強結構，作抗裂、植筋拉拔。

Step2. 砌牆時放置眉樑

在砌整道牆時，會在凹槽上方比照窗戶開口、放置眉樑，支撐上方磚面載重。

阿鴻的關鍵提醒

收納凹槽施工如同作窗戶，上端眉樑要比凹槽寬度左右再延伸 5 公分以上左右、嵌入磚縫，作為上方牆體承重樑。

Step3. 整平砂漿

確認孔洞完成面的預留尺寸（須扣除磁磚厚度差與泥膏厚度）。

轉角處抗裂網編佈

阿鴻的關鍵提醒

進行防水砂漿的基礎結構鏝抹，鏝抹的水平與垂直必須精準。

Step4. 貼磁磚

預先作好貼磚前的磁磚規劃、放樣，確認水平線分割起始點、完成面磁磚尺寸、收納層板的位置。凹槽磁磚鋪貼雙面膠泥、以拉拔工法方式施作。

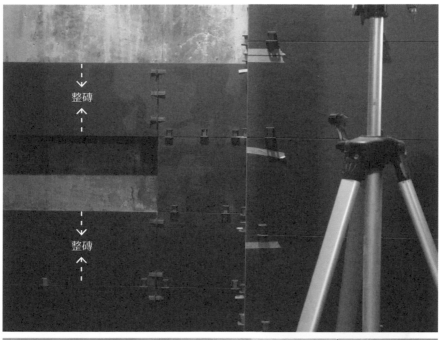

整磚

整磚

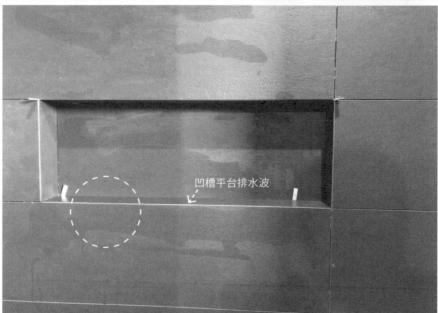

凹槽平台排水波

內側磁磚可用砂漿墊出洩水坡度。

阿鴻的關鍵提醒

可以透過加厚砂漿，略爲增加收納格深度。

OK 完成！

最容易忽略的魔鬼細節

① 要精準放樣凹槽的水平高度，確實定位。

② 收納凹槽平台也要作排水規劃，避免浴室潑水無法排出。不過單層磚牆隔間凹槽不會太深，只要在貼內側磁磚時用砂漿墊出坡度卽可。

③ 45°背斜磚加工能讓轉角更細緻，但不能太過銳利，需以使用安全性爲第一優先。

泥作凹槽背板設定

一般住家空間有限，利用隔間牆規劃的泥作凹槽多爲一塊紅磚 (約爲 9.5 ～ 10 公分)，加上砂漿、鋪貼磁磚的總厚度，因此凹槽背板不能吃掉太多有限收納空間，還得兼具防水、穩固等特性，我通常會選用略大於凹槽開口 2.5 公分的磁磚當背板。

背板施作流程：

1. 立 1 公分厚磁磚當背板，上下與凹槽泥作接觸位置用抗裂網＋泥膏固定。
2. 凹槽內上下紅磚與背板塗覆水泥砂漿。
3. 再鋪防水層。
4. 鋪貼磁磚。

抗裂網滿鋪大於凹槽空間。

<table>
<tr><td>

3-8

**木作牆
貼磚**

</td><td>

千萬別在木隔間上鋪貼磁磚！重要的事情阿鴻師傅要說在前頭，這裡我們要講的是「用鐵件五金牢牢鎖在實體牆上的穩固木背板」，板材得釘牢釘實、加上實牆打底，才能確保安全，因為磁磚重量比木作重很多，怕會支撐不住出現坍塌危險。

</td></tr>
</table>

圖解木作牆貼磚（背靠實牆）工序這樣做

Step1. 木背板上塗覆水性接著底漆

在實牆上固定好木作後，採用噴、刷或是滾輪方式塗覆兩層水性接著底漆。

阿鴻的關鍵提醒

木作跟泥作舊結構一樣吸水率很高，為了避免跟新結構層搶水、乾太快，造成假性接著、影響黏著度，所以得先上一層水性接著底漆。

Step2. 盆膠泥貼磚

噴塗水性底漆乾涸後，即可開始貼磚。透過紅外線放樣，作出起始分割線，由下往上貼磚。

阿鴻的關鍵提醒

因爲現在壁磚都會使用整平器，所以盆膠泥厚度會以約爲 3～7mm 貼覆在板材上。

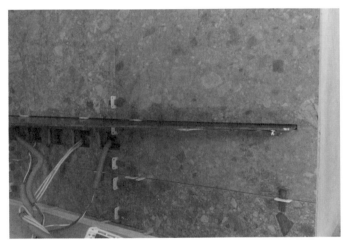 

OK 完成！

最容易忽略的魔鬼細節

木作結構若不夠穩固嚴格禁止貼磚。

CHAPTER 4

泥問我答
阿鴻師傅老實說

小到填縫顏色怎麼選，大至全浴室打掉重練，泥作擁有著自己的低調屬性卻無所不在，居家日常只要與其相關就是傷筋動骨的「大工程」！為了避免裝修踩雷耗時費力傷荷包，千萬別走冤枉路，讓我來教你如何提前聰明預判、事後效率補救！

Q1 | 爲什麼我家明明才剛完工，牆壁油漆表面卻出現裂痕、木作裝潢感覺很潮濕，是哪裡出現問題？

A 應該是泥作水氣未散，就在含水量過高壁面直接批土油漆、裝設木作導致。

傳統泥作澆濕牆面問題多

泥作通常在拆除工程後進場，此時按照傳統工序，師傅會用水沖洗磚造牆，沖落粉塵、同時讓磚造牆面吸水飽和，避免施作打底粉光層時乾縮太快、導致強度不足。但在翻修案場大量灑水，不但可能造成樓下漏水，也會出現施工期有限、大家火速趕工，到後續油漆、木作工班進場時泥沙層含水量依舊飽和，悶著水氣的牆壁就是導致雞爪紋（壁面龜裂）、木作板材發黑發霉的主因。

磚牆灑水取代方案－水性界面接著底漆

爲了避免這種困擾，我選用「樂土水性界面接著底漆」在結構層打底，可以令紅磚、混凝土牆無須大量吸水也能與新泥砂層有效黏著。打底則塗布底層膠泥「高黏著底材」，此防水砂漿乾燥時間稍長，也是因爲這樣才能造就仿生、透氣、防水的高強度泥作結構，方便後續銜接油漆、木作工程。

紅磚上有垂落水痕，表示底漆效果顯著。

Q2 ｜ 我家浴室想要重新整修，工期大概要抓多久？工序大致上有哪些？

A 工期至少兩周，包含基礎結構、防水、試水、貼磚等工序。

拆除完成後泥作進場，我的浴室基礎施工步驟如下：

步驟 1. 校正空間直角系統，方便後續磁磚、浴櫃、浴缸能完美服貼於空間。

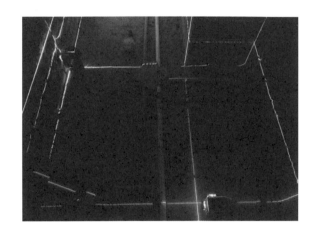

步驟 2. 灰誌－牆面垂直的基準點。透過雷射儀精準定位，灰誌點與灰誌點連成垂直線條，這些線條就能幫助師傅順利整平牆面。

步驟 3. 基礎結構－鏝抹防水砂漿於牆面並加以整平。

步驟 4. 用摻入防水粉的七厘石砂漿打底，塗布於拆除後的地面，打造堅固抗裂的新結構。止水墩須一體成型，避免異材質銜接、杜絕二工裂痕問題。

步驟 5. 地壁轉角處抗裂網編佈，加強 R 角防水層施作的抗裂性能。

步驟 6. 防水層施作。

步驟 7. 防水層試水。

步驟 8. 滿水測試後的檢查：透過熱顯像儀器、結構水分儀等科技判定手法，準確驗證牆體與地面是否滲漏水。

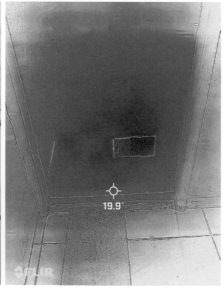

步驟 9. 完成地面、牆面磁磚鋪貼、填縫。

阿鴻師傅小提醒

浴室不同工程節點的漏水測試

① 水電管路配置完成後：

* 給水管加壓測試：用以檢測管路的銜接位置、彎頭轉折位置是否有滲水問題。

* 排水管的放水流測試：用以檢測排水管路是否有滲水問題。

② 泥作防水測試：

* 防水層放水試水，檢測防水層是否會滲水。

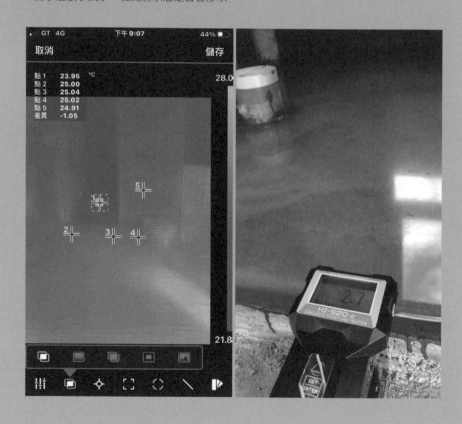

Q3 | 阿鴻師傅，我知道浴室防水很重要，但到底要做幾次？而且要在什麼環節施作才正確？

A 防水層當然是越多越好！能利用防水建材的多元性，降低漏水率。

---

4 道基礎施作徹底「擋水」

我的浴室泥作工序，至少會有 4 道以上防水結構複合堆疊，利用剛柔並濟的防水層達到「擋水」效能（阻擋水滲漏），搭配地磚完美「排水」坡度，相輔相成，令衛浴空間徹底避免發生壁癌、漏水機率。

防水層施工序

1. 拆除至 RC 層，徹底清除粉塵後塗上彈性水泥等防水漆。
2. 施作七厘石防水砂漿、做排水坡度，建構剛性防水層。
3. 在地、壁交接處貼附 r 角抗裂網，轉折壁面須高於地坪砂漿層。
4. 試水。
5. 試水完成後，施作硬底排水結構層，砂漿加入防水粉同時做出排水坡度，最後貼磚、填縫完成。

阿鴻師傅小提醒

**七厘石混凝土 /
防水砂漿運用關鍵**

用細緻的小石子與 1：2 的泥沙配比，完成擁有極強硬度的泥作結構層，固料的密度夠又紮實，有效減少裂痕產生。唯一要注意的是，攪拌時的「水」要酌量加，過多的水分，會影響強度（坍度要穩定）！

Q4　想問阿鴻師傅，浴室地磚鋪貼最推薦什麼施作工法？

A　建議使用硬底防水砂漿設定、膠泥拉拔工法施作。

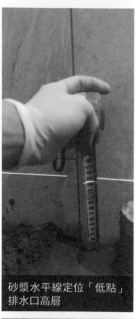

浴室爲重度用水區，地磚排水性能則是整體防水系統的關鍵所在，現在的磁磚吸水率都很低，只要建構合理有效的排水坡度，保證水能暢通無阻地從磁磚表面流向排水孔，那浴室基本上就不會出現積水、進而發生滲漏發霉等問題。

硬底膠泥拉拔工法

放樣貼磚的排水孔十字分割線，以膠泥雙面設定（磁磚背膠＋砂漿膠泥），搭配拉拔工法（整平器校正），完成施作。最後利用低吸水率的填縫材料，讓整體的擋水功效發揮極致。

砂漿水平線定位「低點」排水口高層

淋浴間地坪降板差設定～防水砂漿打底

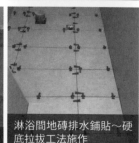

淋浴間地磚排水鋪貼～硬底拉拔工法施作

防水砂漿硬底打底

Q5 | 地磚縫隙髒了、舊了可以重新填縫嗎？

A 可以！但必須仔細刮除舊縫材料再重新填縫更牢固。

徹底刮除污垢油汙，才能有效填縫黏著

由於原有磁磚縫隙上頭容易堆積髒垢、薄油汙層，會造成新舊材料無法咬合、有效黏著，千萬不能直接填縫，得選用較硬的器具如美工刀刮除原有填縫材料，增加可填縫空間厚度，同時形成粗糙面、提高新填縫材料的接著力。

大塊磚好施作、小心刮傷磚面

大磚面縫隙少，刮除工序簡單、耗時較短，若是馬賽克磚就要考慮時間效益；同時像鐵道磚等亮面磚，也需格外小心否則容易刮傷表面、破壞美觀。

阿鴻的關鍵提醒

填縫注意事項（詳細填縫步驟請見 P.66）

① 仔細填飽填滿每條磁磚縫。
② 在適當乾燥的時間點加以清理擦拭。
③ 擦拭時要注意角度（垂直）、仔細擰乾海綿，同時勤換水減少污染縫隙。
④ 注意填縫材料適度適量攪拌、海棉擦拭力道控制，以及過程中的重複區域銜接。
⑤ 最後仔細檢視後，將磁磚清潔乾淨。

Q6　填縫材料有好壞之分嗎？選什麼色好呢？

A　推薦進口填縫材表現更穩定耐用；灰色系更加耐用百搭。

別省小錢！選好填縫材更耐用

填縫是泥作貼磚的最後一哩路，為好的基礎砂漿結構設定、優秀的磁磚鋪貼工法技藝，畫下完美的句點！然而阿鴻師傅在業界常耳聞業主精心選配高檔漂亮進口磁磚，卻因為對填縫材的輕忽、施工設定錯誤，造成日後磁磚縫變色、不耐刷洗、深淺色、吐白華…等等狀況百出而懊悔不已。

因此除了單純美觀考量，現今填縫材料更要具備吸水率低、抗污、耐刷洗等實用性，所以寧可多花一點錢買填縫材料，讓細節更加完美、不留遺憾。

灰色系填縫百搭好清潔

因為鋪貼淺色系的地磚，通常客戶都希望選用接近同色系的磁磚縫來填縫、製造無縫視覺，美則美矣，但房子畢竟是拿來住的，往往因為「個人清潔習慣」、「填縫材的抗污性能」、「環境使用方法」讓淺色磁磚縫藏汙納垢而悔不當初！

阿鴻師建議地磚縫，可以設定「灰色系」的填縫材來施作，相較於淺色系的耐髒、抗污、更耐刷洗縫內的髒污喔！

正確工序才能充分發揮產品優勢

然而有了好材料更要有專業細心的施作工序，才能相輔相成、達到加乘效果！尤其不建議自行調色或改變加水配比，因爲會導致最後顏色不準確、不勻，甚至防水效果。

性能優異的填縫材除了要有正確的水灰比外、因其含有樹脂成分，必須搭配電動攪拌機具才能避免樹脂白點、徹底拌勻；拌勻後須靜置片刻讓材料發酵、融合，再進行攪拌，如此一來方能充分發揮產品性能。

阿鴻師傅愛用推薦

國產樂土 Lotos 填縫

推薦理由：
施作良好的洩水坡度加上優秀的填縫產品，陽台經過三年日曬雨淋、穿鞋踩踏，磚縫依舊乾淨，無明顯污漬、變色情形。

Q7 | 我家牆壁出現白華該怎麼辦？

A 科學檢測圈定範圍，打鑿清除至結構處，層層塗覆複合防水材。

水泥砂含水且無法排出容易產生白華

白華一般都出現在有水潮濕處，水泥砂含水久了出現化學反應釋出碳酸鈣等結晶成份，就是大家所認知的「白華」、俗稱壁癌。家中壁面出現白華，可推測為周圍沙漿層含水，可能為建築結構內部某處短期積水，導致砂漿層受潮、濕氣無法排出；或是梅雨季、颱風天大量進水，公寓紅磚外牆砂漿層長期含水飽和、進而滲透裡層，時間一久產生化學變化，形成白華、壁癌。

儀器精準判讀壁癌潛藏區　多層複合防水材阻絕滲漏

泥作工程要如何解決壁癌問題呢？相較於使用藥劑清潔、中和等「表面功夫」，只能得到「短期療效」、治標不治本，透過泥作直接剔除患處、再層層防護，有效降低壁癌復發機率。以下是我的現場施作步驟：

步驟 1. 用肉眼判斷壁癌位置，標線畫出。
步驟 2. 使用熱像儀檢查整道牆面含水數據，追加匡列含水數值高區域（此處也是壁癌潛伏的高風險地帶），擴大標線範圍。
步驟 3. 剔除標線內的表面飾材、打鑿至紅磚裸面或 R.C 結構層。（泥作通常不含拆除，此部分需事先跟師傅確認避免爭議。）
步驟 4. 露出結構裸面以防水泥膏填平。防水泥膏早期成份為海菜粉、水、水泥、另加防

阿鴻師傅的小提醒

記得拆至底後，徹底檢視滲漏水源頭、予以根治，再進行後續泥作防水工程，才能一勞永逸！

水劑組合而成。防水劑現在可選擇樂土防水粉取代；海菜粉亦能換爲益膠泥＋水，比例則依師傅視現場狀況調整。**剛性防水層**

步驟 5. 防水泥膏未乾前，再塗一層防水砂漿作粗胚介面（砂＋水泥＋防水粉、防水劑等防水材料）確實整平表面，便於後續刷漆。**剛性防水層**

步驟 6. 塗覆防水層，例如：彈性水泥。**柔性防水層**

阿鴻師傅的小提醒

在泥膏與粗胚間再抹上一層七厘石＋防水粉可最大化封閉水氣。

步驟 7. 砂漿二次粉光修飾表面

阿鴻師傅的小提醒

親水性材料層層塗覆，讓不同素材皆能充分咬合，避用油性材料以免結構附著不牢、產生剝離脫落風險。

高科技水分儀的檢測，加強匡列高機率壁癌好發的位置！擴大拆除範圍！

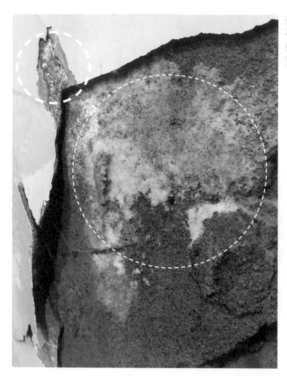

壁癌：簡單白話來說就是水泥砂漿病變，有極大可能因為砂漿滲水、漏水，導致砂漿變質，起了化學反應。

綠色色塊為儀器檢測，加大匡列壁癌位置

黃色色塊為肉眼壁癌位置

病變砂漿拆除至結構層。（紅磚或混凝土）

鏝抹防水泥膏填滿底層結構（填飽填滿）、加強
介材的接著效能！

最終，防水砂漿鏝抹打底、粉光整平！

Q8 | 之前壁癌找師傅來處理，他說只要處理壁癌出現位置就夠了，但過沒多久壁癌又復發了，怎麼會這樣？

A 泥作是個大工程，建議找使用水分測定儀的抓漏施工團隊先行診斷，科學判定、圈畫出含水量高區域，雖然收費可能增加，但施作會更精確有效率。

熱像儀判定含水率，精準解決隱性壁癌

傳統施作工法只能從壁癌周遭約略搜尋漏水水路、潮濕區塊、透過師傅肉眼判斷。現在有了紅外線熱像儀，能更快速有效判讀混凝土牆面含水率，一般而言，儀器數據顯示 6 以上就是壁癌好發率較高波段，即使還未顯露白華、壁癌現象，也建議施作時一併處理。

勘查屋況－泥作師傅的買房診斷服務

此外，購買中古屋最擔心漏水問題，畢竟修繕花費也得列入購屋成本考量，這時候也能支付車馬費、請泥作師傅現場勘查屋況，藉由專業經驗配合儀器判定，在購屋前對處理費用、方式、耗費時間等各項成本有初步概念。

Q9 | 排水孔建議裝設在磁磚的十字分割線上才能到最佳排水效果。

A 古早年代，浴室地壁對縫代表著徒手鋪貼的土水師傅很厲害，但現在已經有紅外線雷射儀，大大降低難度，失去炫技的意義。而且為了整齊，排水口落於磁磚中央，卽使整體排水坡度做得再好，磚本身是平面、五金周遭仍會有積水狀況發生，日後得天天手動刮水，非常不方便，更埋下潮濕、漏水壁癌隱患。

擔心無法對縫不美觀，建議選用不同尺寸磁磚鋪貼地壁，這樣看起來也很自然，同時滿足快速排水、保持乾燥等浴室主要訴求，一舉兩得。

阿鴻師傅的小提醒

排水坡度怎麼做？
用紅外線定位　準確設定防水砂漿排水坡度

透過紅外線的水平標高，準確將排水管位置的防水砂漿定位爲「地坪最低點」，接著以「100 公分長度、排水 1 公分降差」的方式，設定多點防水砂漿高層，進而整平、完成排水坡度。

Q10　聽說淋浴間用長形排水槽很難清，請問有更好的替代方案嗎？

A 可以使用「磁磚鋪貼」規劃排水降板設計，美觀又實用喔！

長形排水槽難清潔、易漏水

浴室地排第一要務就是快速排水、保持地面乾燥不滲漏與維護方便。淋浴間常見的長型鐵件排水線槽在安裝上很難與砂漿緊密黏著，無法滿漿的後果則導致鐵件下方空隙容易含水，造成漏水可能。而排水槽本身也不好清潔，長期潮濕藏汙納垢隨之而來的便是發霉發臭。

而運用泥作「磁磚鋪貼」做出排水降板差，則能規避上述問題，但講究各種細節處理，非常考驗師傅本身技巧與經驗，以下我將簡單說明施作的概念。

「磁磚鋪貼」降板規劃

淋浴間地磚分兩個排水系統：

1.「地磚排水於降板排水槽」的排水系統。
2.「降板區導水入排水五金」的排水系統。

「淋浴間降板式排水」磁磚鋪貼重點

如圖片顯示，點 1、2、3 在同一個水平高度下來檢視。

1.「點 1」要略高於「點 2」，讓水完全的排入「磁磚排水槽」。
2.「點 2」與「點 3」的現場距離差為 110 公分，於是我們設定排水坡度為 1.1 公分的水平高度差，如此「磁磚排水槽」的水才能順利排於排水五金內！

磁磚排水槽。

阿鴻師傅安裝提醒

① 排水五金的安裝也要略低於磁磚，才不會積水。
② 銜接兩個地磚排水系統的磁磚落差介面，這裡須選用完整磁磚修邊面鋪貼。
　（完整修邊磚才不會割傷人，師傅現場裁切的磁磚邊很危險、容易割傷人！）

Q11 | 如果家裡浴室出現漏水，應該要從哪些區域檢查呢？

A 可以從進水管、排水管、糞管與地板四個區塊開始檢查。

根據管路特性區分漏水方向

1. 進水管（冷熱水管）：冷熱水管出現漏水將會是 24 小時持續發生，一般來說也會比較嚴重，狀況比較立即、明顯！若能維持數天不用水，卻出現持續滲漏情形，很大可能就是此處發生問題。住家若是老屋，由於 20 年前水管多用車牙銜接，管線轉彎處可能因為年代久遠設備老損、地震關係出現縫隙，出現微滲狀況；而新建房近幾年管線改為壓接模式，銜接處一旦不密合，漏水量會更加明顯。→檢測進水管是否漏水：透過觀察水錶，在不用水的狀態下～水錶是否有異動。

2. 排水管：主要為臉盆排水管、乾濕區地板排水管。排水管漏水可以在用水時注意，因為這區域要在用水時才會顯現漏水問題。→減檢測排水管是否漏水：可在排水孔大量放水，觀察是否有立即的濕氣或水氣；亦可完全禁水（不使用水），令排水孔完全乾燥，用以觀察漏水區域是否乾燥、濕氣是否乾燥。

3. 馬桶下方糞管：一般來說發生機率較低，也是使用時才會顯現漏水問題，通常需要樓下鄰居反應才會知曉。

4. 浴室地板：因為房屋老舊、防水層失效，或天災造成樓板裂痕，加上浴室地板為重度用水區域頻繁處於潮濕狀態，一旦排水沒做好磁磚積水，久了就可能導致下方砂漿層含水，演變為漏水、壁癌。此外，排水五金安裝「偏袋」（未準確對準排水孔），令廢水直接流入砂漿層而非水管，也會讓排水孔周遭發生滲漏問題。→檢測地坪防水是否漏水：浴室禁止用水，讓其完全乾燥，用以檢視地坪在完全沒用水的情況下，漏水問題是否好轉！也可以將排水孔徑封住，地坪放水滿水測試地坪的漏水

阿鴻師傅小知識

不同區域漏水該連絡誰？
給水管與排水管的漏水責任：水電廠商、衛浴安裝廠商
地坪漏水責任：防水廠商、泥作廠商

油漆壁癌剝落、漏水

被漏水樓層的天花板，含水、漏水

被漏水樓層的隔間牆（含水、壁癌嚴重）

▌被漏水樓層明顯壁癌、漏水狀況，已檢測到牆面水源有漏水擴散癥狀。

糞管

排水管

排水管

馬桶拆除後，內埋的糞管管制「破洞」

漏水潮濕地坪

乾燥不含水地坪

糞管

▌漏水樓層的冷熱水管，多年前已捨棄牆內舊管、改走明管，所以先排除冷熱水管的漏水可能。（此時可集中精力將問題鎖定在糞管、排水管、浴室地坪三區塊）

▌拆掉舊馬桶後，立刻發現內埋管明顯「破洞」，於是開始拆除其周遭的地板結構，發現此處砂漿層含水量高、非常潮濕，有環繞糞管跡象，此時即可斷定漏水主因。

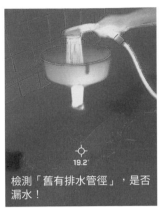

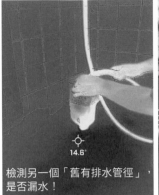

檢測「舊有排水管徑」,是否漏水!

檢測另一個「舊有排水管徑」,是否漏水!

防水層施作

▋ 再細心追加檢測另一個漏水因素—「排水管」,確認沒有漏水才放心。

▋ 清理好拆除乾淨的浴室地坪,於底層施作防水層。

七厘石防水砂漿結構層施作

有排水坡度的「防水砂漿打底」

▋ 塗抹七厘石防水砂漿,重置一層「高密度剛性」結構,提升樓板擋水性能。

▋ 地面以排水砂漿打底,確實整片平、做好排水坡度!

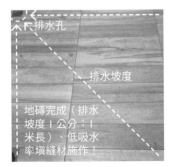

排水孔

排水坡度

地磚完成(排水坡度1公分:1米長)、低吸水率填縫材施作!

▋ 地板排水五金確實安裝設定在地磚「十字縫分割位置」上,以利排水順暢;同時選用低吸水率填縫材料,有效減少用水時的滲漏情形。

案例安裝 TIP

糞管要凸於磁磚水平面,令馬桶安裝時能精準對位,不容易造成偏袋情況,避免造成日後糞管漏水。

Q12 我家地磚局部凸起破裂，因爲面積很小，找不到願意修繕的師傅，有辦法自己處理嗎？

A 可以自行拆除損壞部分，用砂漿簡單 DIY 填補，暫時避免碎裂磁磚傷人。

天氣變冷就會常常出現磁磚爆開問題（俗稱澎共），不僅不美觀，還容易傷到人，但因近幾年疫情問題缺工嚴重，這種局部小工程很難快速找到師傅維修、開價又貴森森，讓人一個頭兩個大。

敲除破損磁磚。

素地整理乾淨。

底層膠泥膏的塗布。

砂漿填平澎共區簡單 DIY

如果面積不大，我提供下面幾個 DIY 步驟，幫助大家上手簡易修復住家面子工程。

步驟 1. 敲除崩壞地磚部分，同時加強檢視磁磚下層砂漿結構狀況是否穩固。

步驟 2. 拆除所有毀損結構、地磚，並盡可能清除所有廢棄物、越乾淨越好！

步驟 3. 用膠泥膏（益膠泥或海菜土膏）當界才銜接，塗好塗滿並保持濕潤。

步驟 4. 攪拌砂漿結構鏝抹在膠泥膏上，整平後即完成

Solution Book 151

水泥工阿鴻親授 30 年實戰工法學：

基礎放樣、排水設定到進階泥作，完整解析步驟流程，監工、施工不出錯！

作　　　者｜鄭志鴻
責任編輯｜許嘉芬
文字採訪｜黃婉貞、賴姿穎、Cheng
美術設計｜莊佳芳
編輯助理｜劉婕柔
活動企劃｜洪擘

發 行 人｜何飛鵬
總 經 理｜李淑霞
社　　長｜林孟葦
總 編 輯｜張麗寶
內容總監｜楊宜倩
叢書主編｜許嘉芬

出　　版｜城邦文化事業股份有限公司 麥浩斯出版
地　　址｜104 台北市中山區民生東路二段 141 號 8 樓
電　　話｜02-2500-7578
傳　　眞｜02-2500-1916
E - m a i l｜cs@myhomelife.com.tw
發　　行｜英屬蓋曼群島商家庭傳媒股份有限公司城邦分公司
地　　址｜104 台北市民生東路二段 141 號 2 樓
讀者服務電話｜02-2500-7397；0800-033-866
讀者服務傳眞｜02-2578-9337
訂購專線｜0800-020-299（週一至週五上午 09:30 ～ 12:00；下午 13:30 ～ 17:00）
劃撥帳號｜1983-3516
劃撥戶名｜英屬蓋曼群島商家庭傳媒股份有限公司城邦分公司

香港發行｜城邦（香港）出版集團有限公司
地　　址｜香港灣仔駱克道 193 號東超商業中心 1 樓
電　　話｜852-2508-6231
傳　　眞｜852-2578-9337
電子信箱｜hkcite@biznetvigator.com

馬新發行｜城邦（新馬）出版集團 Cite（M）Sdn.Bhd.（458372U）
地　　址｜41,Jalan Radin Anum,Bandar Baru Sri Petaling,
　　　　　 57000 Kuala Lumpur, Malaysia.
電　　話｜603-9056-8822
傳　　眞｜603-9056-6622

總 經 銷｜聯合發行股份有限公司
電　　話｜02-2917-8022
傳　　眞｜02-2915-6275

製版印刷｜凱林彩印股份有限公司
版　　次｜2024 年 5 月初版 5 刷
定　　價｜新台幣 550 元
Printed in Taiwan 著作權所有 · 翻印必究（缺頁或破損請寄回更換）

國家圖書館出版品預行編目 (CIP) 資料

水泥工阿鴻親授 30 年實戰工法學：基礎放
樣、排水設定到進階泥作，完整解析步驟流
程，監工、施工不出錯！/ 鄭志鴻作 .-- 初版
-- 臺北市：城邦文化事業股份有限公司麥浩斯
出版：英屬蓋曼群島商家庭傳媒股份有限公
司城邦分公司發行, 2023.06
　面；　公分 .-- (solution；151)
ISBN 978-986-408-943-7（平裝）

1.CST: 施工管理 2.CST: 建築工程 3.CST: 水泥

441.527　　　　　　　　　　112008043